E

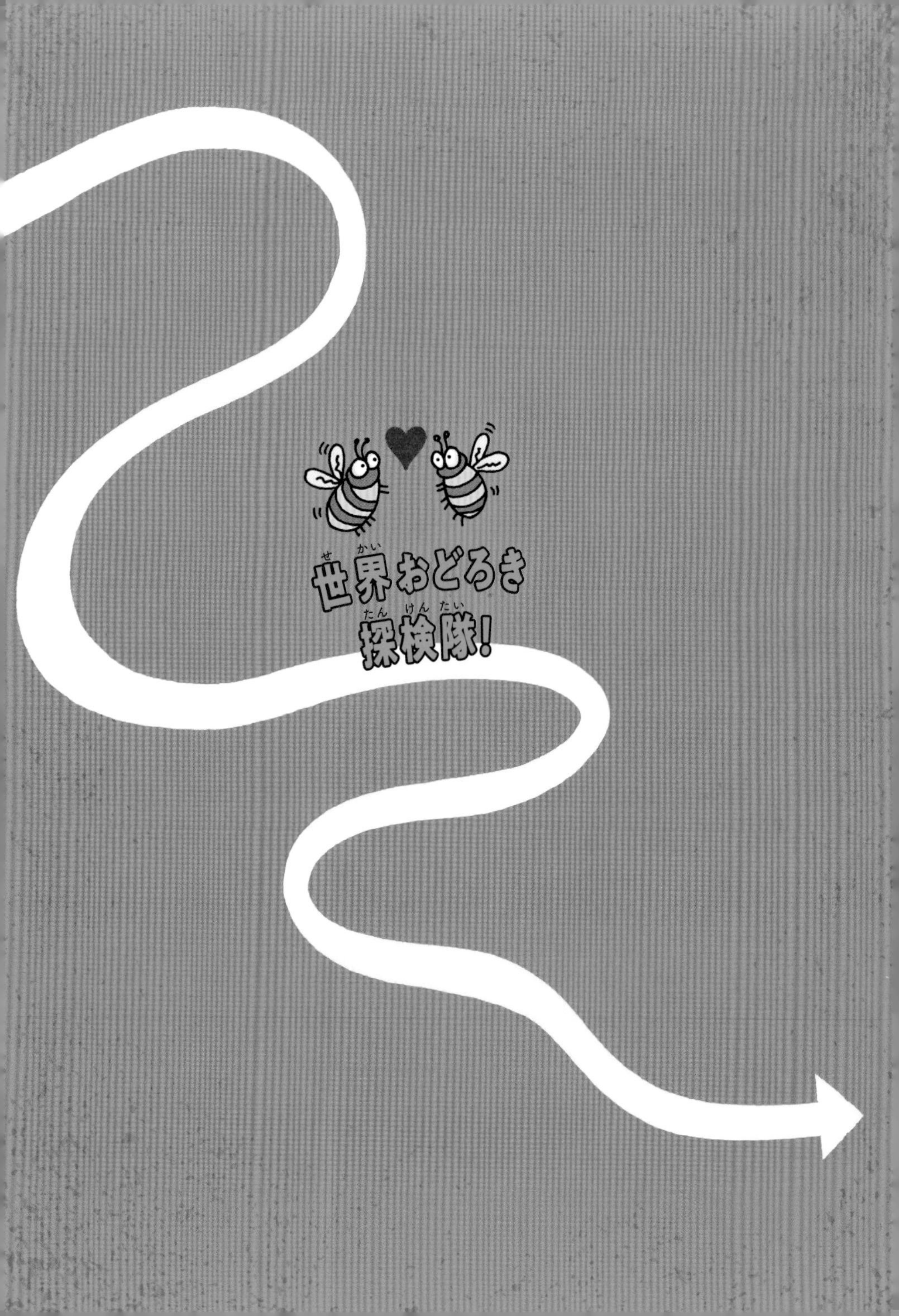
世界おどろき探検隊！

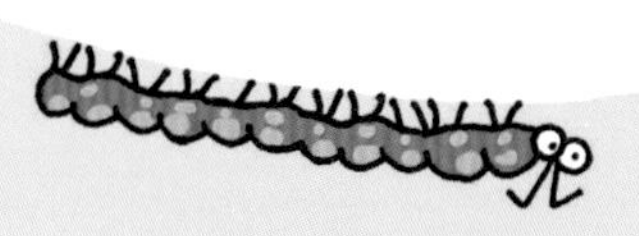

世界おどろき探検隊！

おとなも知らない400の事実を追え！

ケイト・ヘイル 文

アンディ・スミス 絵　名取祥子 訳

実務教育出版

もくじ

おどろきの世界へようこそ！

びっくりするもの、感心してしまうもの、知っているとカッコいいものなど、
世界中の知られざる事実をたどる探検に出かけよう！

たとえば

古代ローマ皇帝のなかには、すでにアイスのような氷菓子を食べていた人がいた。近くの雪山から氷を持ってこさせて、果物とジュースで味付けしていたんだって。

山といえば、山脈。世界でもっとも長い山脈は、地上ではなく海底にあるんだ。

そして海といえば、ヒトデには脳がないって知ってる？

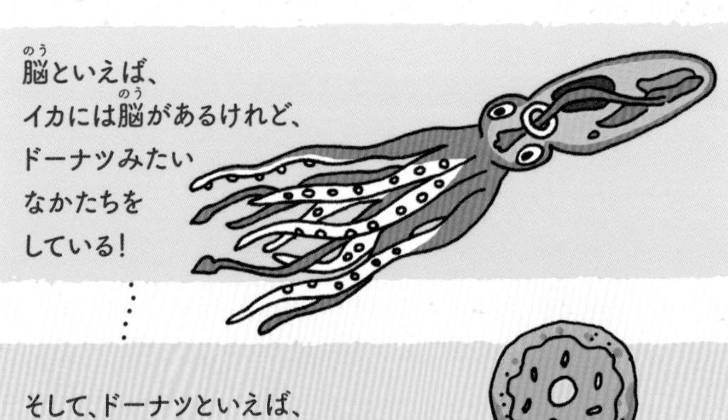

脳といえば、
イカには脳があるけれど、
ドーナツみたい
なかたちを
している！

そして、ドーナツといえば、
一人あたりのドーナツ店の数が
世界でいちばん多い国はカナダ
だっていうこと、知ってた？

もう気づいたかもしれないけれど、この本には「しかけ」がある。
ひとつの事実から次の事実へと、思いもしない楽しい形でつながっているんだ。

キリンからパリのエッフェル塔、キラキラのラメ、歯、羽根ペン、鳥の羽根、
ゴリラなどなど……。続きは、読んでからのお楽しみ。
ページをめくるたびに「おどろきの事実」に出会うことになる！

探検の道はひとつだけじゃない、ページを進んでいくと、ところどころに分かれ
道があって、前にもどったりずっと先に飛んだりして、全然ちがうところ（でも、
つながっているところ）に行くことだってできるんだ。

好奇心にみちびかれながら、好きなところに行ってみよう。でも、
とりあえずはスタート地点からはじめるのがいいかもね。ページをめくってさっそく出発！

たとえばこんなふうに、「はやいもの」に直行するのもいいね

150ページへ

生まれる前の
宇宙は
この人さし指の
先にある
点の
10億分の1
ほどの
大きさしか
なかった

赤ちゃんは、およそ270本の骨を持って生まれる。でも、大人になるとその数は206～213本になる
あばらをコチョコチョ…

わたしたちの
体の骨の
半分以上は、
手と足の骨なんだ・・・

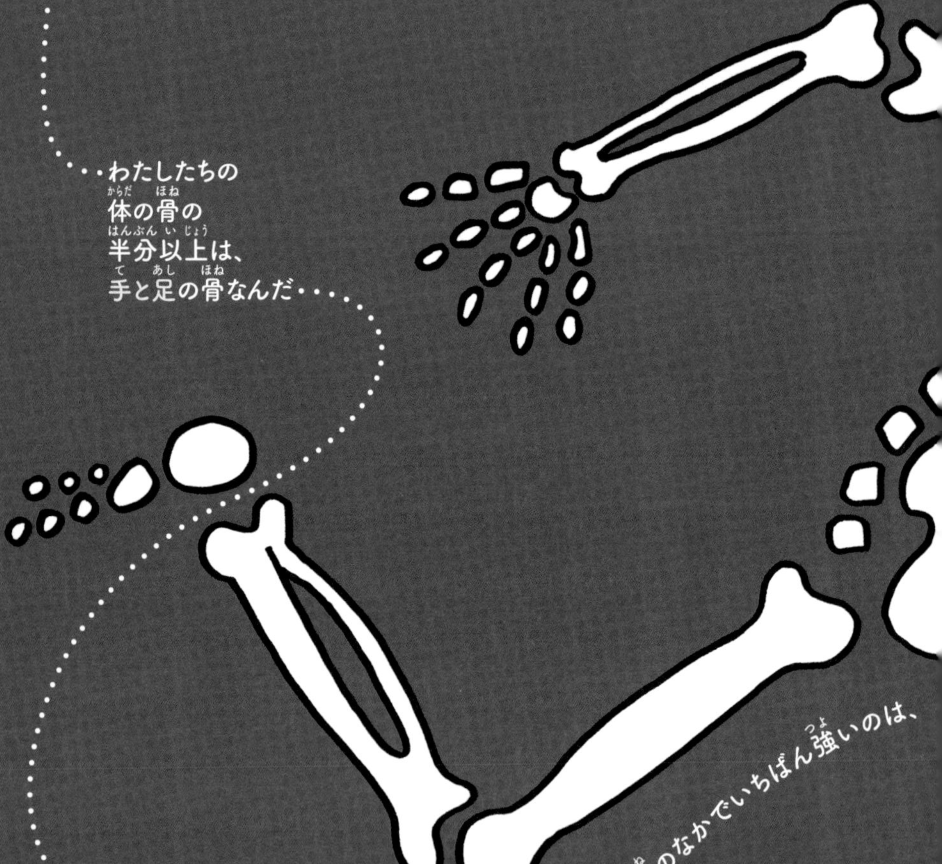

骨のなかでいちばん強いのは、

骨は10年ごとに新品になる。
なぜなら、わたしたちの体の
なかでは、毎日、古い骨が
壊されて、新しい骨が
生まれているから・・・

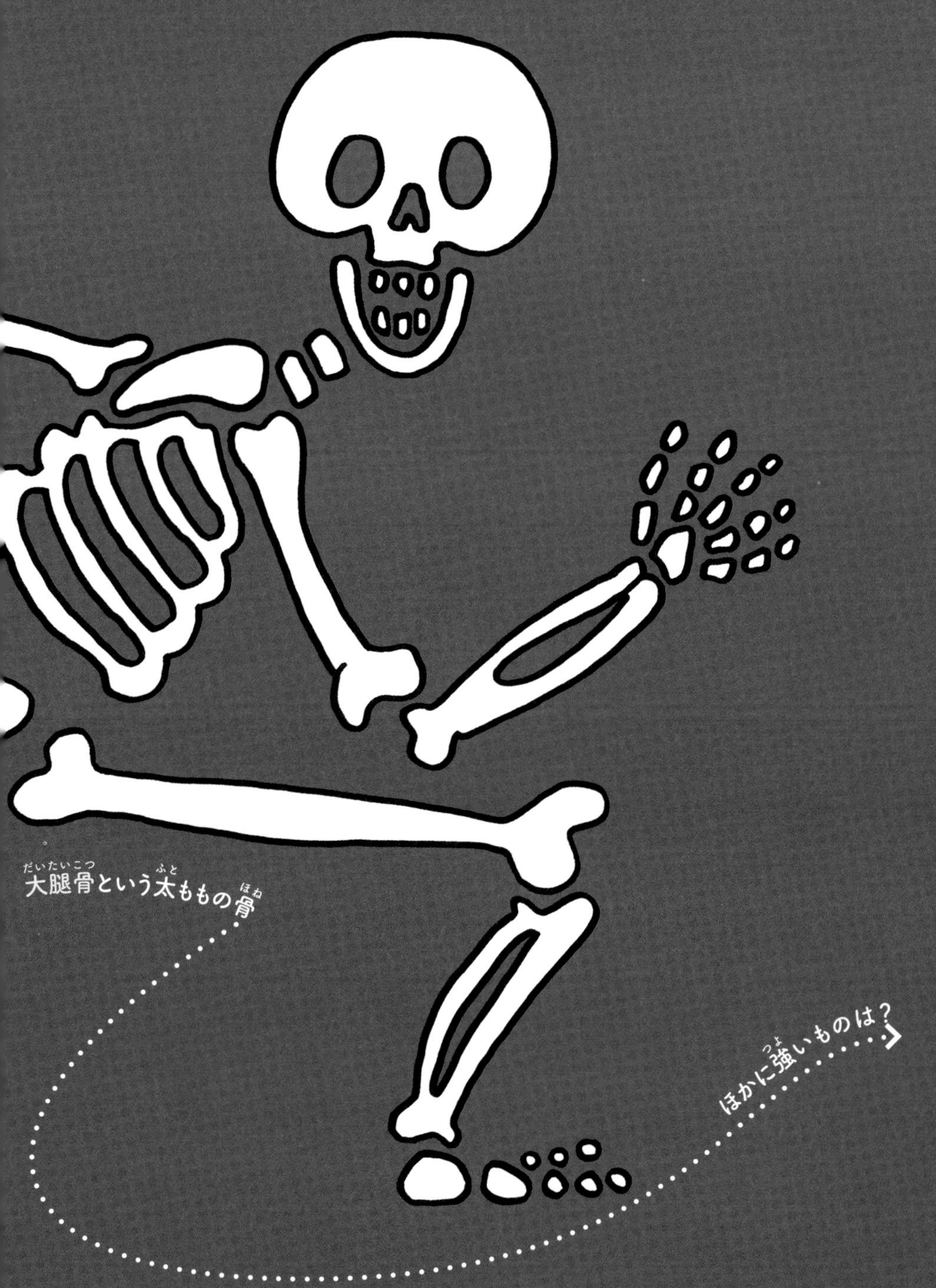
。
大腿骨という太ももの骨
ほかに強いものは？

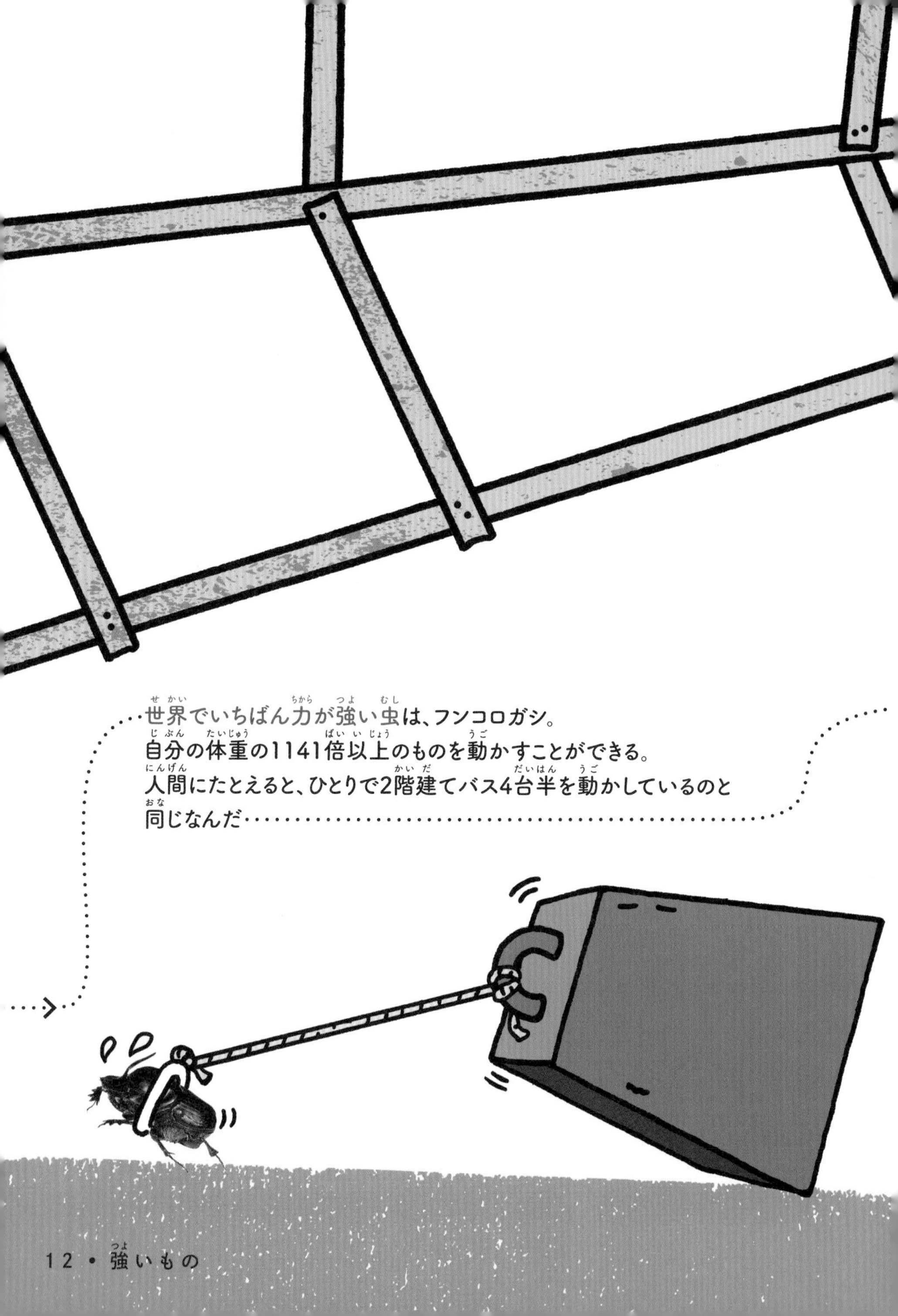

世界でいちばん力が強い虫は、フンコロガシ。
自分の体重の1141倍以上のものを動かすことができる。
人間にたとえると、ひとりで2階建てバス4台半を動かしているのと
同じなんだ

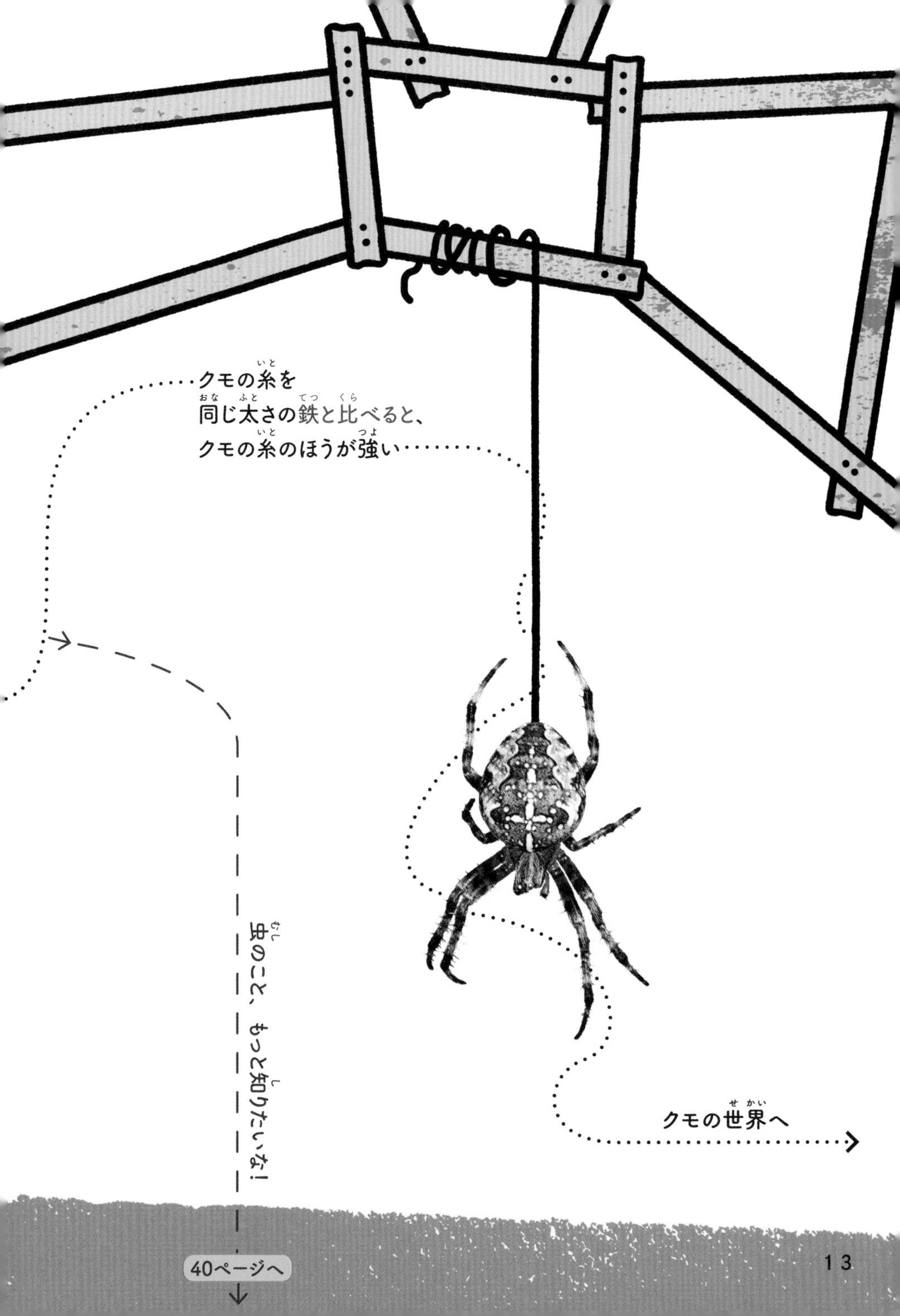
クモの糸を
同じ太さの鉄と比べると、
クモの糸のほうが強い
虫のこと、もっと知りたいな！
40ページへ
クモの世界へ

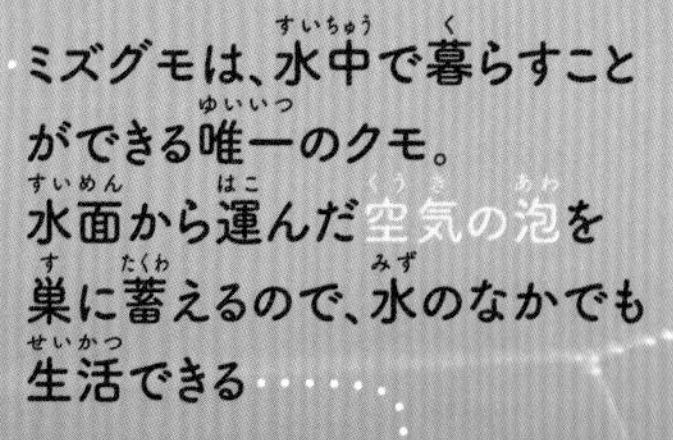

ミズグモは、水中で暮らすことができる唯一のクモ。水面から運んだ空気の泡を巣に蓄えるので、水のなかでも生活できる

オウギグモは、巣の糸を巻き上げ、ゴム鉄砲のように自分の体ごと発射させて獲物をとる

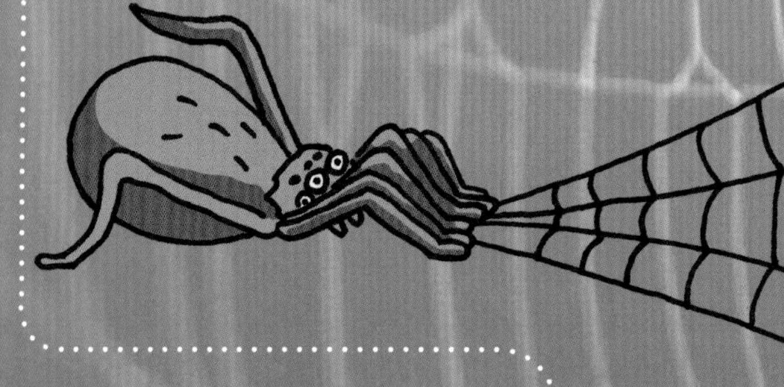

クモには、2種類以上の糸を出せるものもいる。伸びたり縮んだりする糸、丈夫でネバネバの糸などを出せるんだ

クモは「バルーニング」という方法で空を飛ぶことがある。おなかから最大60本の糸を出して帆のようなものをつくり、風に乗って空中を移動する。なかには、海の上を数百kmも飛んだクモもいるんだって！
深い海の底へ
毒グモのタランチュラは、チクチクした毛を飛ばして相手を攻撃する
危険な生き物たち
126ページへ

世界でもっとも長い山脈は、
地上ではなく海底にある。
「中央海嶺」と呼ばれる
海底山脈の長さは、
なんと6万4373km以上。
地上でもっとも長い南米の
アンデス山脈の
およそ8倍もあるんだ。

山の上で暮らす
シロイワヤギの角の輪を
見ると、年齢がわかる。

人間には、
血の流れる音や
目の動く音が
聞こえる人もいる。

フクロウの目はまんまるに
見えるけれど、
球形ではなく、
筒のような形をしている。

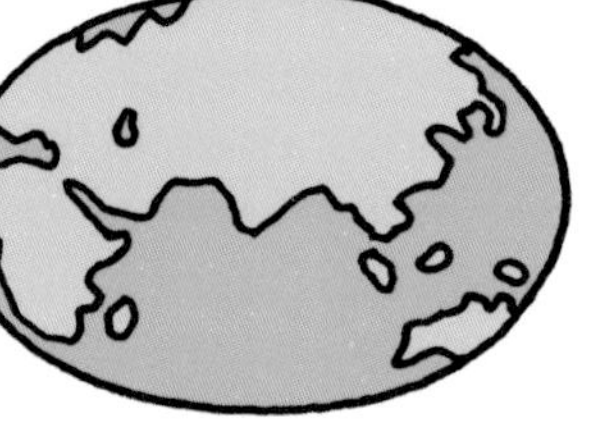

地球は完全な球形ではなく、「回転楕円体」
というミカンのような形をしている。
地球の自転による遠心力で少しつぶれ、
赤道のところがふくらんでいるからだ。

赤道では、
ほかの場所
よりも
日の入りが
早い。

日の出や日の入りのとき
にだけ、赤色の虹が見える
ことがあるって知ってる?

レッサーパンダは、
外国では
レッドパンダ
(赤いパンダ)と
呼ばれる。白黒の
ジャイアントパンダ
よりもアライグマや
スカンクに近い
生き物だ。

ジャクソン
カメレオンの
オスは、
3本の角を使って
相手のオスを
木の枝から
突き落とす。

世界でもっとも大きい
木として知られる
セコイアオスギの
樹皮は、火に強い。

ファイアネードは、
火が竜巻のように
立ち上がる、
めずらしい自然現象。
炎をはらんだ風は、
最大時速160km
をこえるスピードで
移動することが
あるため、
とても危険。

太陽系の
惑星のなかで
いちばん外側
を周る
海王星の
風は、
音よりも速い。

研究者たちは、ジャイアントパンダの
フンにバイオ燃料のもとになる微生物が
含まれていると考えている。

一部の科学者によると、
地球に初めて生まれた微生物は
紫色だった。

古代ローマへ!

古代ローマ人は、
カタツムリの
色素を使って
服を紫色に
染めていた。

古代ローマの兵士は、お給料を
「サラリウム」と呼んだ。
現代人は、お給料を「サラリー」
とも呼ぶ。どちらもラテン語の
「サル」ということばが元に
なっていて、「サル」の意味は

塩

ザックザク!

太平洋に浮かぶミクロネシアの
ヤップ島では、「石貨」という
5円玉のように真ん中に穴のある
円盤型のお金が使われていた。
車よりも重いものもあったとか

116ページへ

めちゃデカいやつ!

遊び時間だ〜

カナダのケベック州は、
むかしヌーベルフランスと
呼ばれていたんだけど、
そこではなんとトランプが
お金として使われていた!

トランプの絵札のキングのなかで、
ハートのキングだけは
口ひげ（鼻と口の間のひげ）がない！

レゴのブロックでできた世界一高いレゴタワーの高さは35.05m。使われたブロックの数は50万個以上。

めずらしい建物
60ページへ

むかしのミスター・ポテトヘッドのおもちゃは、本物のジャガイモを用意しないと遊べなかった。

バービーのフルネームはバーバラ・ミリセント・ロバーツ。

偶然ってすごいね！

ばねのおもちゃのスリンキーは、まったくの偶然から生まれた。生みの親は、第二次世界大戦中に船の部品をつくっていた技術者。

アイスキャンディーを偶然発明したのは11歳の少年！ある寒い夜、飲み残しのジュースに棒を入れたまま、うっかり外に置きっぱなしにしたらできていたんだって。

カラフルなねんどのプレイ・ドーは、もともとは壁紙の汚れ落としとして売られていた。楽しさに気づいて、おもちゃとして売られるようになったんだ
チョコ大好き!
電子レンジの仕組みは、レーダー技術の研究中にポケットのなかのチョコレートが溶けたことがきっかけで発明された

もっとも大きいチョコレート・ナッツ・バーの世界記録は、重さ2696kg（2020年1月現在）。オスのシロクマ4頭とほぼ同じ！

4月1日はエイプリルフール。この日、フランスでは魚のかたちのチョコレートを食べる

チョコレートは、
カカオ豆からつくられる。
大むかしの南米の人たちは、
カカオ豆には
魔法の力があると信じ、
儀式などに使っていた

188ページへ

飛行機で大空へ!
ベルギーの
ブリュッセル空港は、
世界でいちばん
チョコレートが
売れる場所。
1分ごとに1.5kgの
チョコレートが
売れている
外国で
つくられた
チョコバー
には、昆虫
のかけらが
入っている
ことが
わりとある

飛行機が飛んでいったあとに残る「飛行機雲」。
じつはこれ、飛行機のエンジンから出た水蒸気が
冷えて雲になったものなんだ

世界で初めて
気球に乗ったのは、

アヒル
ニワトリ
ヒツジ

おひとり様ずつ。

122ページへ

この先にも鳥がいるよ

世界でもっとも高く飛べる鳥は、マダラハゲワシ。
飛行機とならんで、
高度1万973m 以上を飛んだことが
記録されている

翼竜は、絶滅した空を飛ぶ
は虫類の仲間。発見された
もっとも大きい翼はF16
戦闘機よりも大きい

雨は、しずくのような
形をして空から降って
くるわけじゃない。
本当は、下がつぶれた
おまんじゅうみたいな
形をしているんだ

ぴちゃぴちゃ

地球の表面は、およそ71％が水。そのうち、しょっぱくない水は3％しかなく、残りはすべて海水なんだ
オーストラリアにあるヒリアー湖は、わたあめみたいなピンク色をしている

南米大陸を流れるアマゾン川は、
逆の方向に流れることがある

川の終わりは、
「河口」という

流れに乗ろう

雨が降ったときに地面から上がってくるにおいを「ペトリコール」という

世界でいちばん長い川は、アフリカ大陸にあるナイル川。

その長さは、およそ6650kmで、11の国を流れている

古代エジプト人は、ワニを神の使いとして大切にした。あるむかしの歴史家は、人間のペットになって宝石をつけたワニがいたことを記録している

もう少しおとなしい動物

ワニは、ベロを口の外に出すことができない

134ページへ

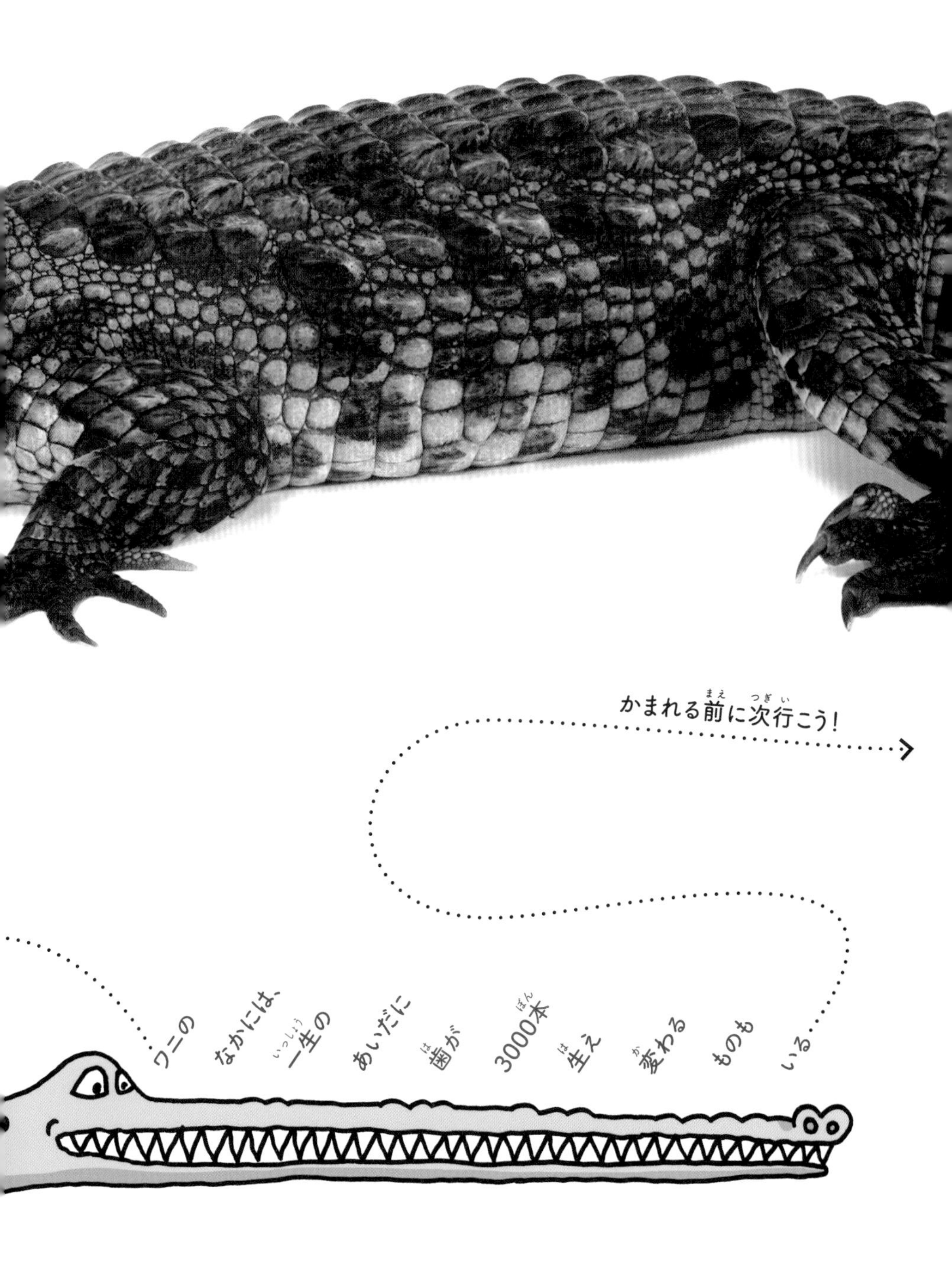

かまれる前に次行こう!

ワニの なかには、一生の あいだに 歯が 3000本 生え 変わる ものも いる

人間の体でいちばんかたい部分は、歯の表面をおおっている

エナメル質。

はい、チーズ！
チンパンジーは、あやまりたいときや、仲間を安心させたいときに歯を見せてニッと笑うことがある

人間には、幸せをあらわす
笑顔が6種類ある。そして、
それ以外の気持ちを伝える
笑顔が13種類ある。
それ以外とは、
たとえば、痛み、怒り、
恥ずかしさ、照れくささ、気まずさ……

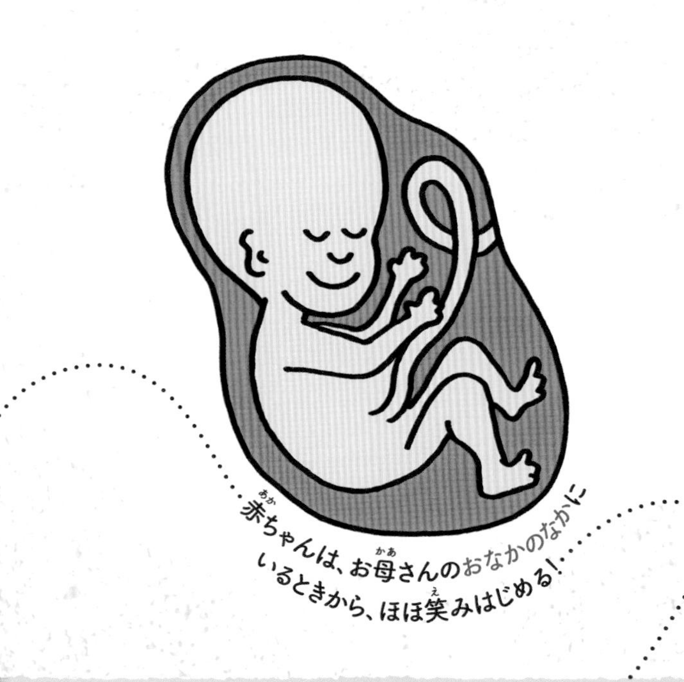

赤ちゃんは、お母さんのおなかのなかにいるときから、ほほ笑みはじめる!

ジンメンカメムシは背中の模様がおもしろい。おしりを上、頭を下にしてみると、まるでお相撲さんの顔みたい……

次も虫～

フンコロガシは、夜でもフンの玉をまっすぐ転がすことができる。それは、天の川の星明かりを道しるべにしているから

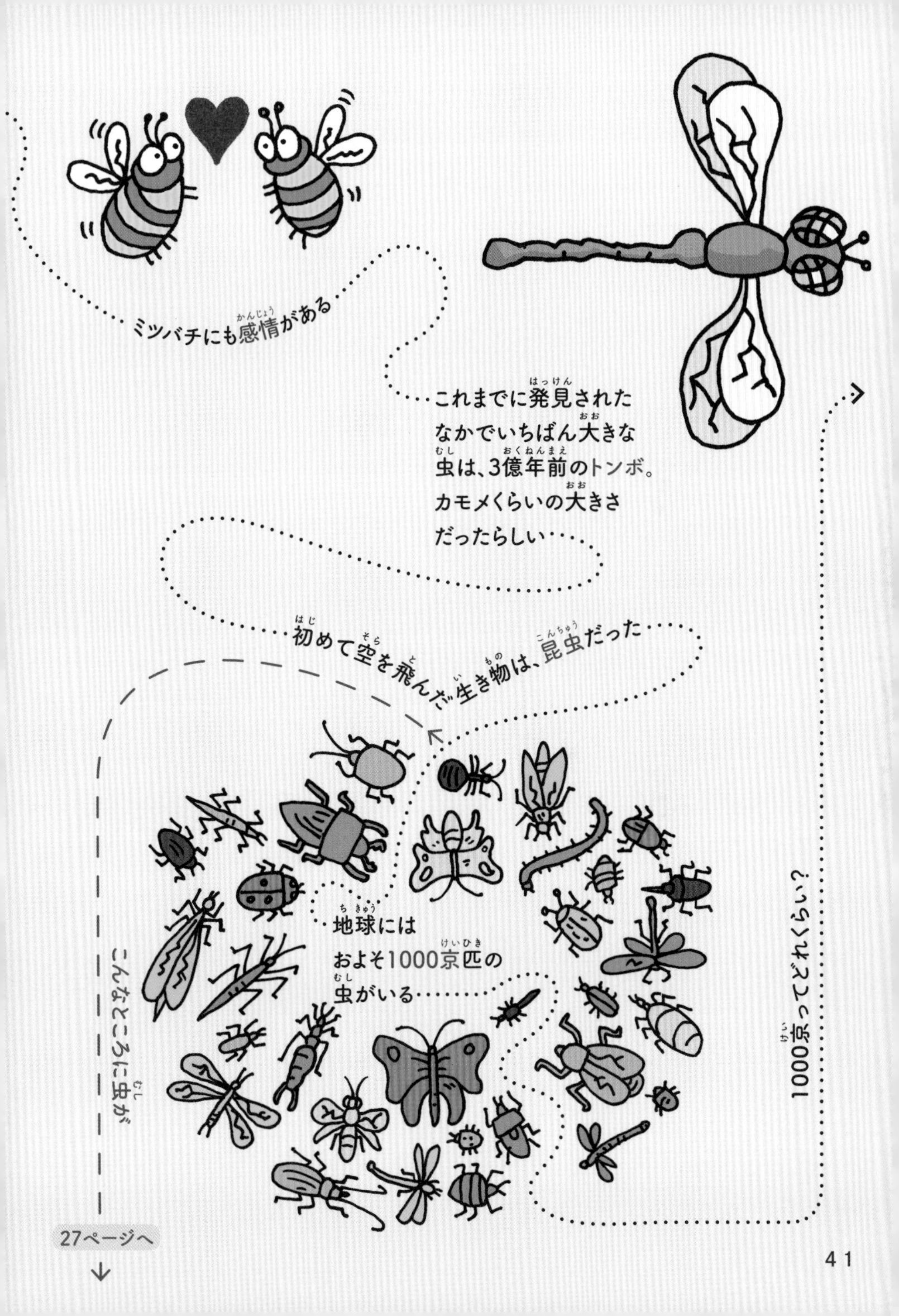
ミツバチにも感情がある
これまでに発見された
なかでいちばん大きな
虫は、3億年前のトンボ。
カモメくらいの大きさ
だったらしい
初めて空を飛んだ生き物は、昆虫だった
地球には
およそ1000京匹の
虫がいる
1000京ってどれくらい？
こんなところに虫が
27ページへ

1000京はゼロが19個、
100京はゼロが18個…

およそ1800万年前、
人類の祖先には
まだしっぽが
あった。

しっぽを武器と
して使う動物も
いる。たとえば
オナガザメは、
エサを捕まえる
前に、尾びれで
相手をぴしゃっ
とたたいて
気絶させるんだ。

歌なのに歌詞（言葉）がないもの
もある。スペインの国歌がそう。

スペインの子どもは、歯が抜け
ると枕の下にそれをおいて寝る。
ネズミのペレスがプレゼントを
置いていってくれるらしいんだ。

ネズミのなかには、
毒サソリに刺されても
痛みを感じない種もある。

科学者たちは、
ヘビの毒を使って
薬をつくった。
血圧を下げることが
できるそうだ。

1日におよそ
7571リットルの血を、
人間の心臓は
全身に送り出している。
家のお風呂でいうと、
25杯分にもなる。

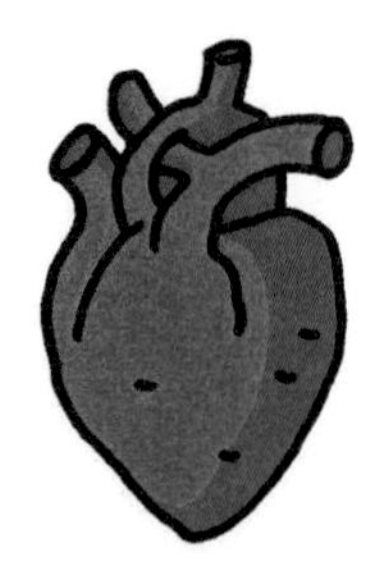

サメにも耳はある。人間みたいに
顔の外についているのではなく、
頭の上に小さい穴が2つ空いているんだ。

人間の骨のなかでもっとも小さい
ものは耳のなかにある3つの骨。
ツチ骨、キヌタ骨、アブミ骨で、
ツチ骨はハンマーの形をしている。

アメリカの
「ハンマー
博物館」
には、
ハンマーが
2000本以上
ある。
博物館は、
アラスカ州
にある。

アラスカ州の
公式スポーツは、
犬ぞりレース!

たいていの
犬は、
人間の言葉が
165個くらい
わかるんだって!

人間の心臓が
一生のあいだに
打つ回数は、
およそ25億回。

アメリカの
ニューメキシコ州
には、変わった
ゴルフ場がある。
1打目を打つ
ティーグラウンド
が1つしかない。
しかも山の上に
あって、
ホールは
4kmも下。

ホールインワン!

ブラックホールの重力はあまりに
大きいため、光さえ逃げ出せない。
いちばん小さいブラックホールでさえ、
太陽の10倍もある

宇宙へひとっ飛び!
88ページへ

アメリカのカリフォルニア州の海で
ふしぎな穴が発見された。穴の数は5000個以上。
どうしてこんなにたくさんの穴ができたのか、
科学者たちもわからないという・・・
なぞだね

南米ペルーのナスカの地上絵が2000年前に描かれた理由は、
だれもわからない。クモやハチドリ、ラマといった生き物に
加えて、らせんやまっすぐな線、台形が描かれた巨大な絵は、
空の上からでないと見られない……

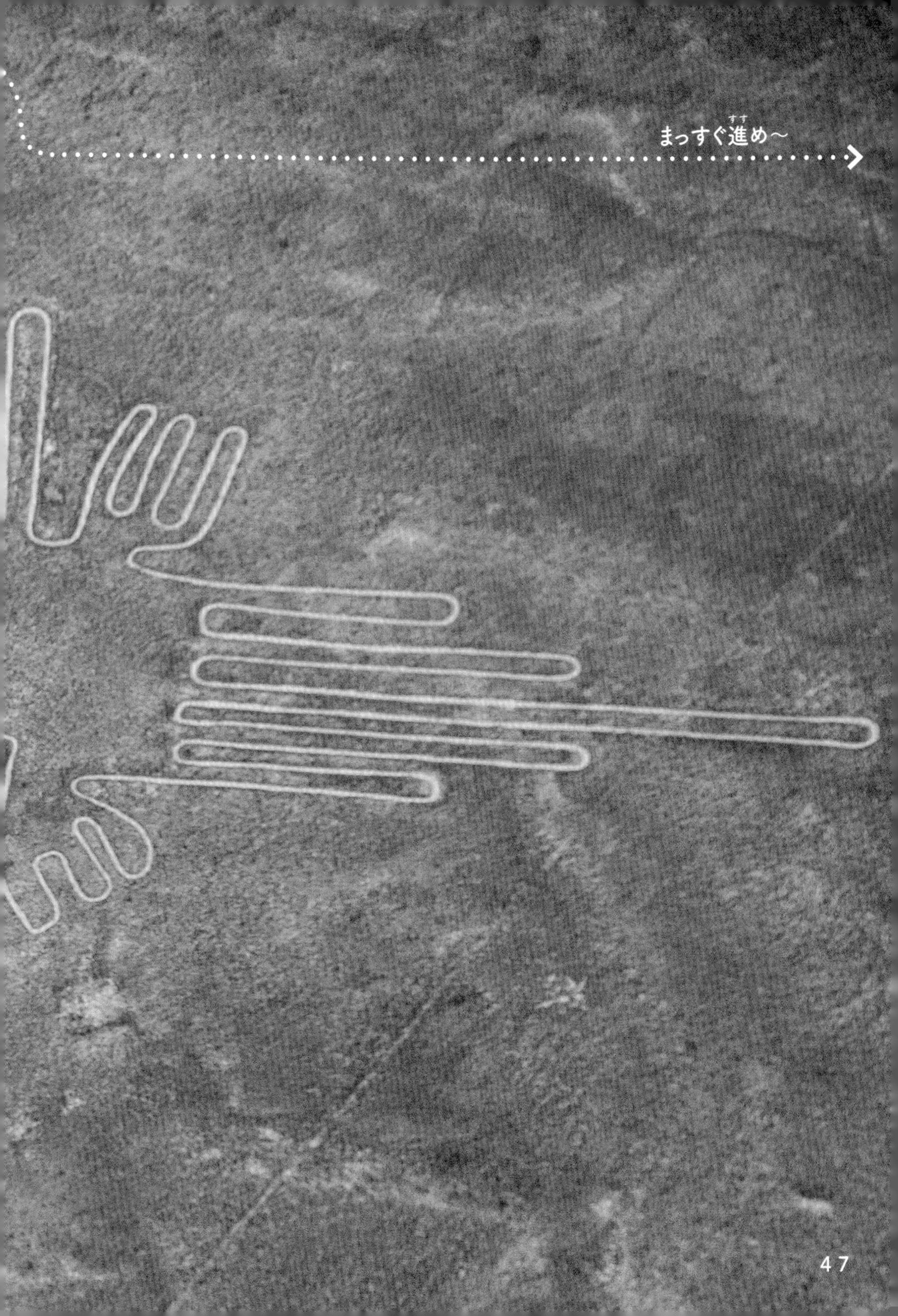

まっすぐ進(すす)め～

アメリカとカナダの国境線の一部は、図書館の真ん中を通っている

ユーラシア大陸と北米大陸とのあいだにあるベーリング海峡には、「昨日の島」と「明日の島」という名前の島がある。2つの島は4kmしか離れていないけれど、あいだに日付変更線があるから、「明日の島」は「昨日の島」よりも日付が1日進んでいる

チクタクチクタク!

152ページへ

……アヒルのおもちゃを並べてつくった世界一長い列の長さは1.6km。アヒルの数は、なんと1万7782

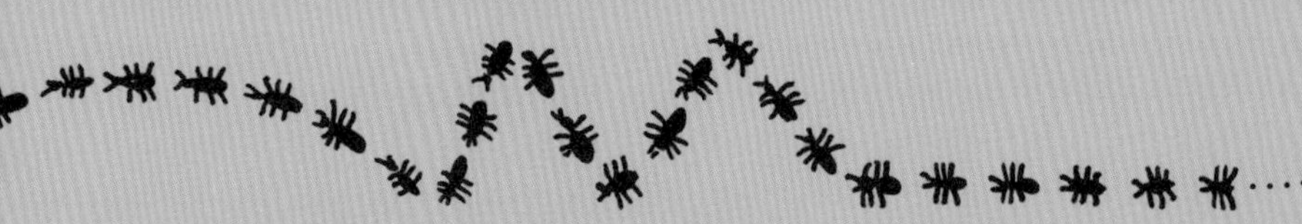

……アリは、一列に並んでまっすぐ歩いたり、曲がったり、ジグザグに行進したりすることができる。それは、前にいる仲間が残すにおいをたどっているから

……これまでに売れた『ハリー・ポッター』シリーズの本をぜんぶ一列に並べると、地球16周以上の長さになる

地球一周の旅に出発！

宇宙は、使わなくなった人工衛星や宇宙飛行士の落とした手ぶくろなどがあふれていて、これを宇宙ゴミと呼ぶ。時速2万4700kmで宇宙ゴミは地球の周りを回っているんだ

150ページへ

地球の周りを回っているのは、宇宙ゴミだけではない。小惑星という小さな月は、数か月、または数年かけて地球を一周する。小惑星の大きさはさまざまで、車くらいの大きさのものもある。地球の重力から自由になった小惑星は、やがては太陽の周りを回りはじめる……

毎日、国際宇宙ステーションは地球の周りをおよそ16回回っている……

まもなく発射！

国際宇宙ステーション（ISS）で働く宇宙飛行士は、
寝室が6つある家よりも少し広い空間で暮らしている

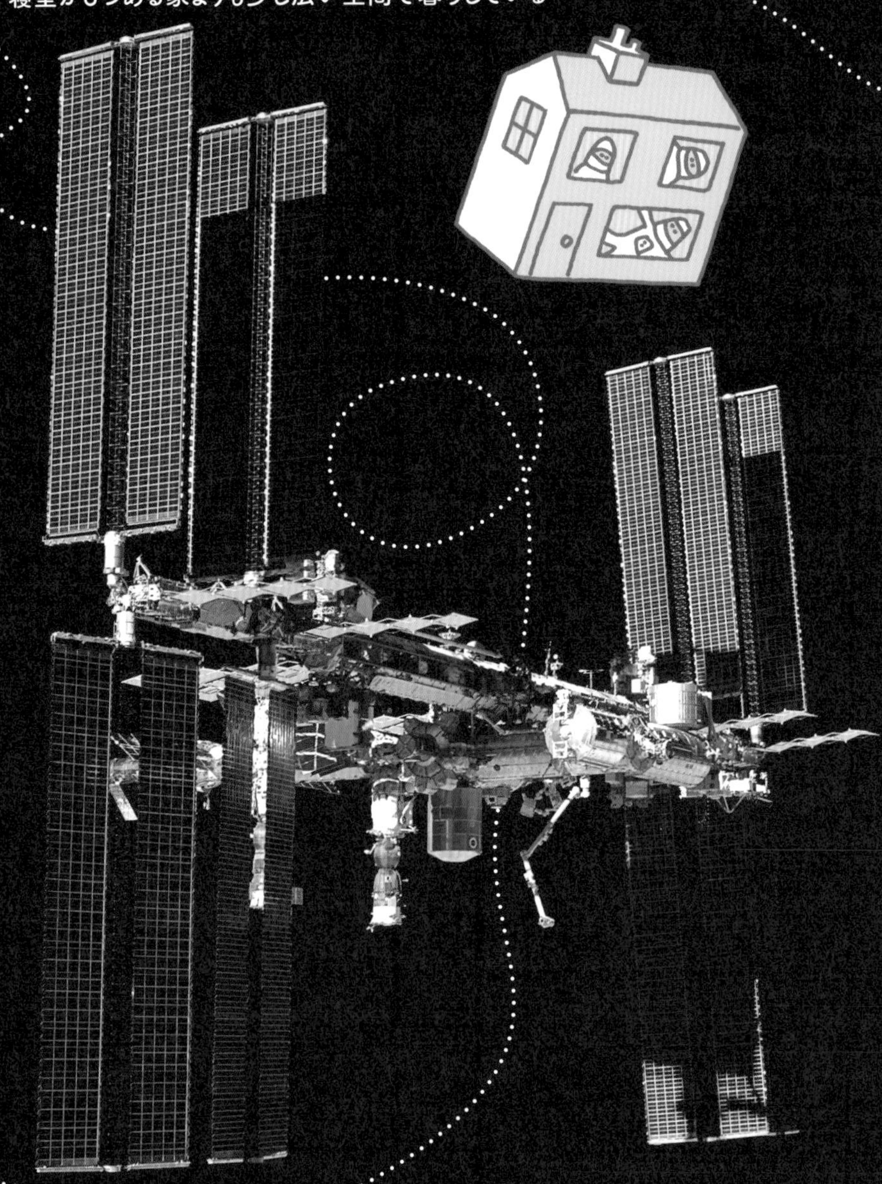

ISSには50台以上のコンピュータがある。
このコンピュータを動かすプログラムの
数は230万をこえる

人類がつくった建物で、
いちばんお金が
かかったのはISS

ISSでは、宇宙
飛行士のおしっこを
飲み水に変える

「アストロビー」という
3台のロボットがISSでの
活動を支えている。それ
ぞれの名前は、ハニー、
クイーン、バンブル

ロボットってすごい!

アトラスという人型ロボットは、バク宙ができる
研究者たちは、
植物の受粉を助ける
虫型ドローンを
つくろうとしている

動物の体のしくみ
人類初のロボットは、
2000年以上前に古代ギリシアで
つくられた。それは、木でできた
ハト型ロボットだった

24ページへ

アイデアがひらめいた！

科学者たちは、もっと明るいLED電球をつくるために、ホタルを研究した……

新幹線をつくっていた人たちは、もっと静かで速く走る新幹線をつくるために、カワセミのクチバシをお手本にした。カワセミは、音と水しぶきをほとんど立てずに水にもぐり、水中のエサを捕まえることができるからだ……

シロアリは、キリンよりも大きい巣を
つくることができる。アリ塚という
シロアリの巣には、自然の冷暖房がある。
そのため、建築家はビルの省エネを
実現するためにシロアリの知恵から
学ぼうとしているんだ
大自然の建築家！

ビーバーがつくった世界でいちばん大きなダムは、
カナダのアルバータ州にある。それは、宇宙にある
人工衛星からも見えるくらい大きい。ビーバーたちは
1970年代からつくりつづけてきたんだって

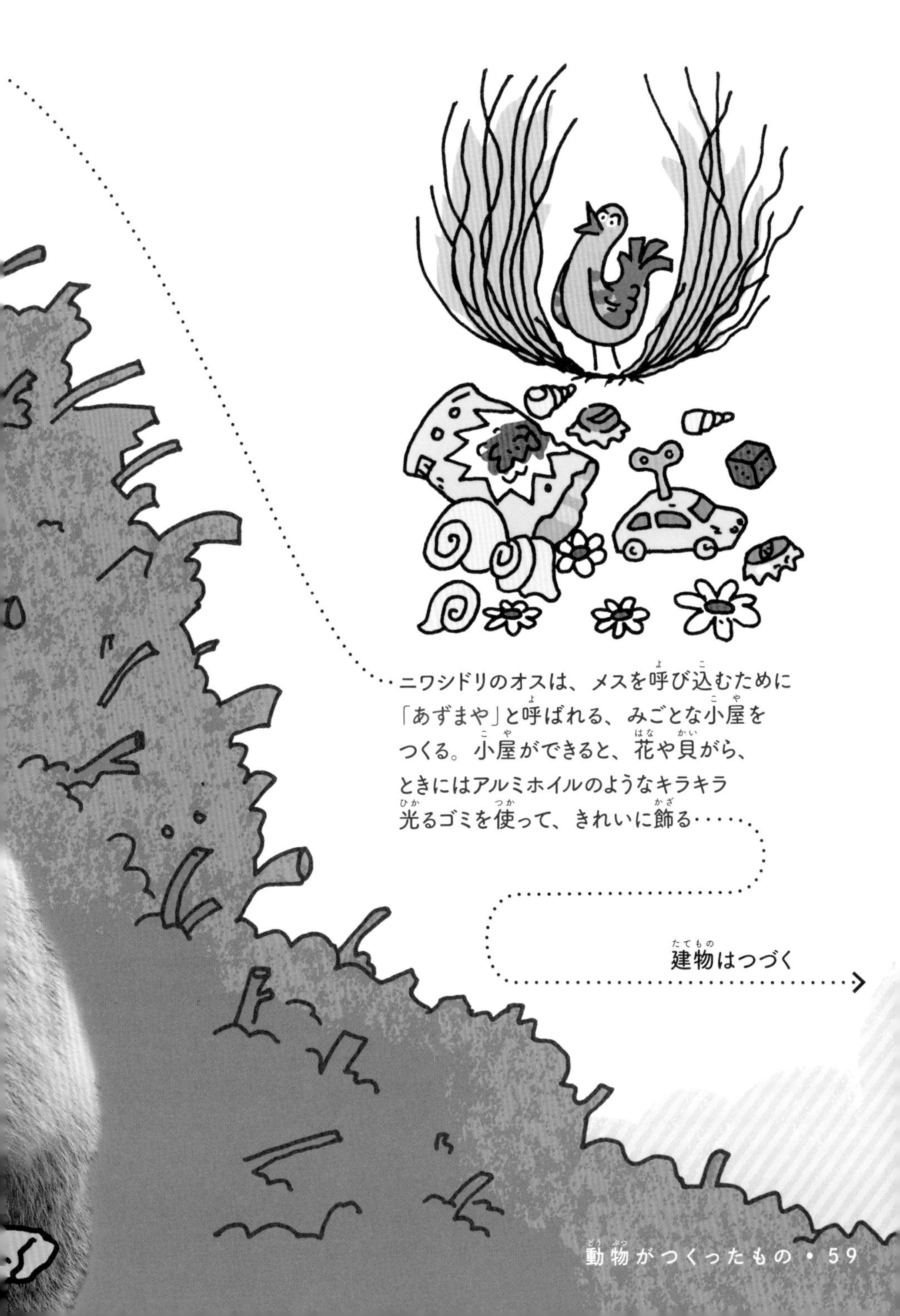

ニワシドリのオスは、メスを呼び込むために「あずまや」と呼ばれる、みごとな小屋をつくる。小屋ができると、花や貝がら、ときにはアルミホイルのようなキラキラ光るゴミを使って、きれいに飾る……

建物はつづく

インドの国家漁業開発庁（漁業や海を管理する国の機関）で働く人は、

ビッグ・アイダホ・ポテト・ホテルという、重さ5443kgのジャガイモ型のホテルがアメリカにあって、なかに泊まることができる

巨大な魚型のビルで働いている

オランダの首都アムステルダムにあるジ・エッジは、
世界でいちばんスマートなオフィスビルのひとつ。
ビルには2万8000個のセンサーがあって、
車を駐車場まで案内したり、
自分の机の場所を教えてくれたりする。
さらに、コーヒーの好みまで覚えてくれるんだ

よりスマートな未来へ！

「将来、町で暮らす人たちは、巨大なドローンに乗って仕事や学校に行くことになるかも

しれない」と予想する人もいる

技術者たちは、電池の代わりに人間の汗で動く次世代スマートウォッチをつくろうとしている。

スタジアムでのスポーツ観戦では、好きな選手のプレーを今まで以上に楽しめるようになるだろう。3D映像でのリプレー、自分好みのシーンの再生などが普通になるからだ。

心拍数を測れるシャツ、ランニング中の姿勢をチェックできる靴下、いろんなアプリとつながったジャケットなど、スマートウェアが開発されている。

さあ、服を着て出発!

128ページへ

古代のエジプト人は、ワックスでできたとんがり帽子をかぶっていた。太陽の熱でワックスがとけ出し、香水みたいな香りがした……

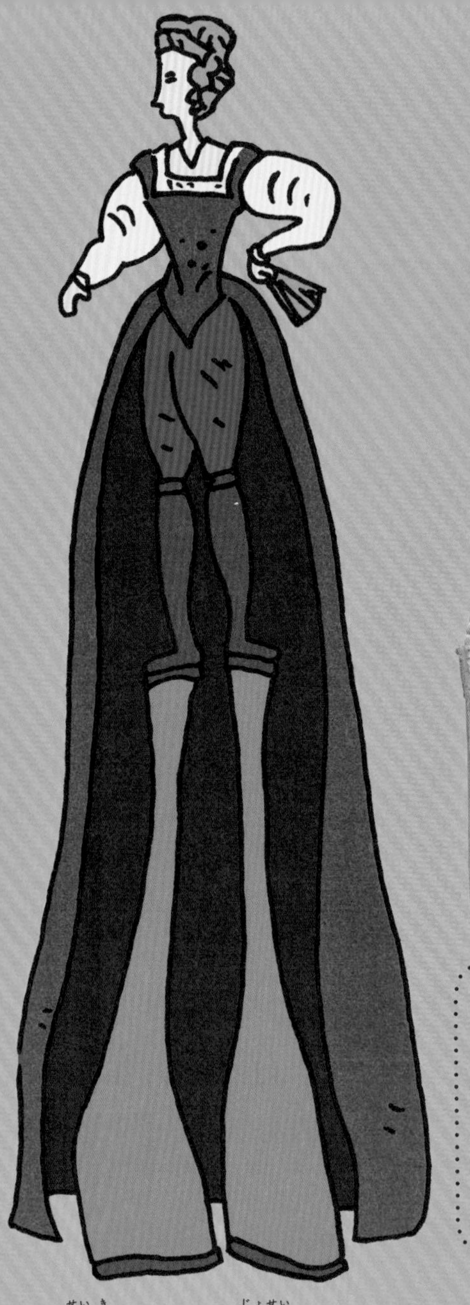

16世紀のイタリアの女性たちは、チョピンという厚底の靴をはいていた。自分ひとりでは高すぎて倒れてしまうため、お付きの人に支えられながら歩いていたんだって……

王室の話はつづく
18世紀のフランス王妃
マリー・アントワネット
は、海での戦いに
勝ったことを
記念して、
船を乗せた
かつらをかぶった……

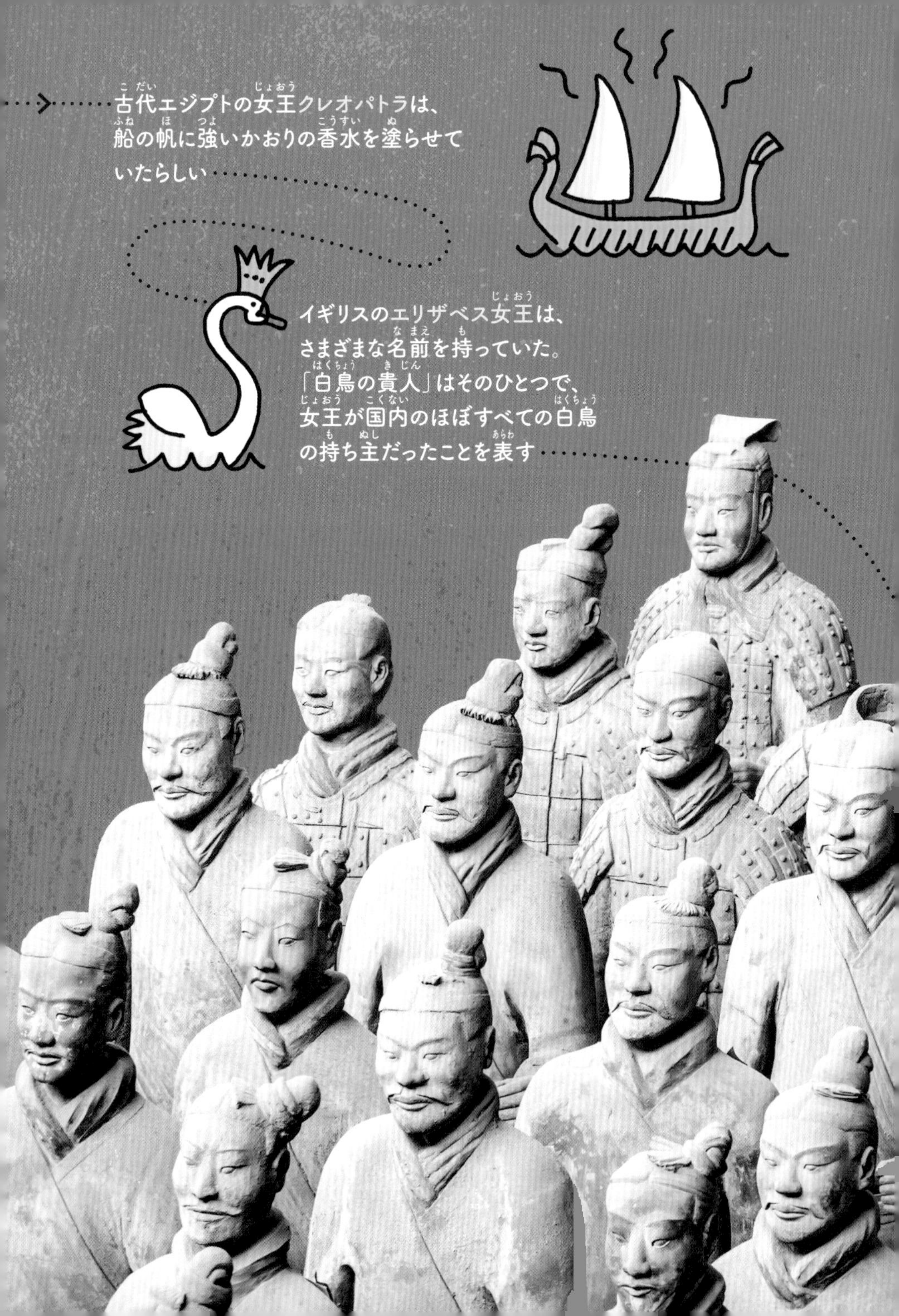

古代エジプトの女王クレオパトラは、船の帆に強いかおりの香水を塗らせていたらしい

イギリスのエリザベス女王は、さまざまな名前を持っていた。「白鳥の貴人」はそのひとつで、女王が国内のほぼすべての白鳥の持ち主だったことを表す

インカ帝国の皇帝には、
コウモリの毛でできた
服を着た人もいた

古代ギリシアのアレクサンドロス大王は、
町にお気に入りの馬の名前をつけた。
その名はブケパロス

次はお城！

秦の始皇帝は、
亡くなったあと、
およそ8000体の
素焼きの兵士像
とともに埋められた

アメリカのディズニーランドの眠れる森の
美女のお城のモデルは、ドイツの
ノイシュバンシュタイン城
姫路城には合計84の門が
あった。敵を混乱させる
ために、先が行き止まりに
なっているものもあった

シリアのクラック・デュ・シュバリエ城の壁の厚さは、
なんと30m 近くあった
ヨーロッパ中南部にあるスロベニアの
プレジャマ城は、
洞窟の入り口に建てられた。
お城の下には秘密の通路があるらしい
世界でもっとも高い砂の城の
高さは18m。
小さな塔や騎士のほか、
土台の部分にはドラゴンまで
いたとか
すごいね！

探検家の
マルコ・ポーロは、
伝説の一角獣
ユニコーンに会ったと
記録している。
でも、本当はサイだった

探検家の
クリストファー・コロンブスが
海で見て人魚だと思った生き物は、
本当は
マナティだった

まぎらわしい生き物

138ページ

126ページへ

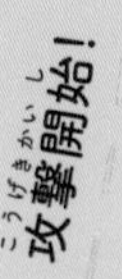

「吸血鬼イカ」とも呼ばれるコウモリダコは、敵が来るとタコやイカのように墨をはくのではなく、光る液体を吹きかける

ドラキュラアリの

かみつきは、世界でいちばん速い。人間のまばたきの5000倍の速さでかむことができるんだ

ミックリザメは、エサをとるためにものすごい速さであごを出し入れできる

動物にまつわる驚きの発見へ

トビトカゲは、おなかの両側の皮を翼のように広げて空を飛べる。飛んでいるあいだ、しっぽを舵のように使ってバランスを取る

毎年、1万5000〜1万8000種類も
新種の動植物が発見されている。
こうした動植物は、自然のなかで
発見されることもあれば、
意外な場所で見つかることもある。
ある古生物学者は、
博物館の地下室で新種の竜脚類
（四本足で歩く、草食の恐竜）の
化石を発見した。なんとその化石は、
113年前からそこに眠っていたという……

見(み)せてほしいね！

アメリカのテキサス州には、トイレのふたを使った美術品が1400点以上飾られている美術館がある。

フクロウの目は頭蓋骨に固定されているので動かない。首が左右270度回転することで、それをサポートしている。

体のなかが透けて見える魚がいる。深海魚デメニギスは、頭のなかが見えるぞ〜。

8歳のラブラドール・レトリバーのムースは、人間をサポートする「セラピー犬」と呼ばれるイヌ。実績が認められて、獣医学の名誉博士号が与えられた。

アフリカのサバンナに住むリカオン。5本指をもつほかのイヌ科の動物と違い、1本の足に指が4本しかない。

ある宝石会社は、トイレの便座に4万815個のダイヤモンドをうめこんで、世界記録を打ち立てた。

ダイヤモンドには、地球と同じくらい古いものもある。

むかしむかし、宇宙から見た地球は、大気のせいでオレンジ色をしていた。

バスケットボールは、ずっと前からオレンジ色だったわけではない。もともとは茶色だったんだけど、「オレンジ色のほうがよく見える」という理由で変わったんだ。

植物の世界へ!

カンガルーポーという植物は、カンガルーの前足のようなかたちの花を咲かせることから、こう呼ばれる。

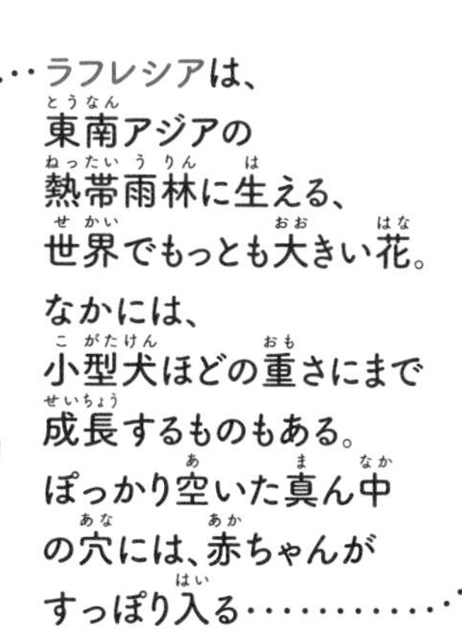

ラフレシアは、東南アジアの熱帯雨林に生える、世界でもっとも大きい花。なかには、小型犬ほどの重さにまで成長するものもある。ぽっかり空いた真ん中の穴には、赤ちゃんがすっぽり入る

バルサの木は、夜に花が咲く

チョウは、葉っぱの表面を前足で叩いて味を確かめる

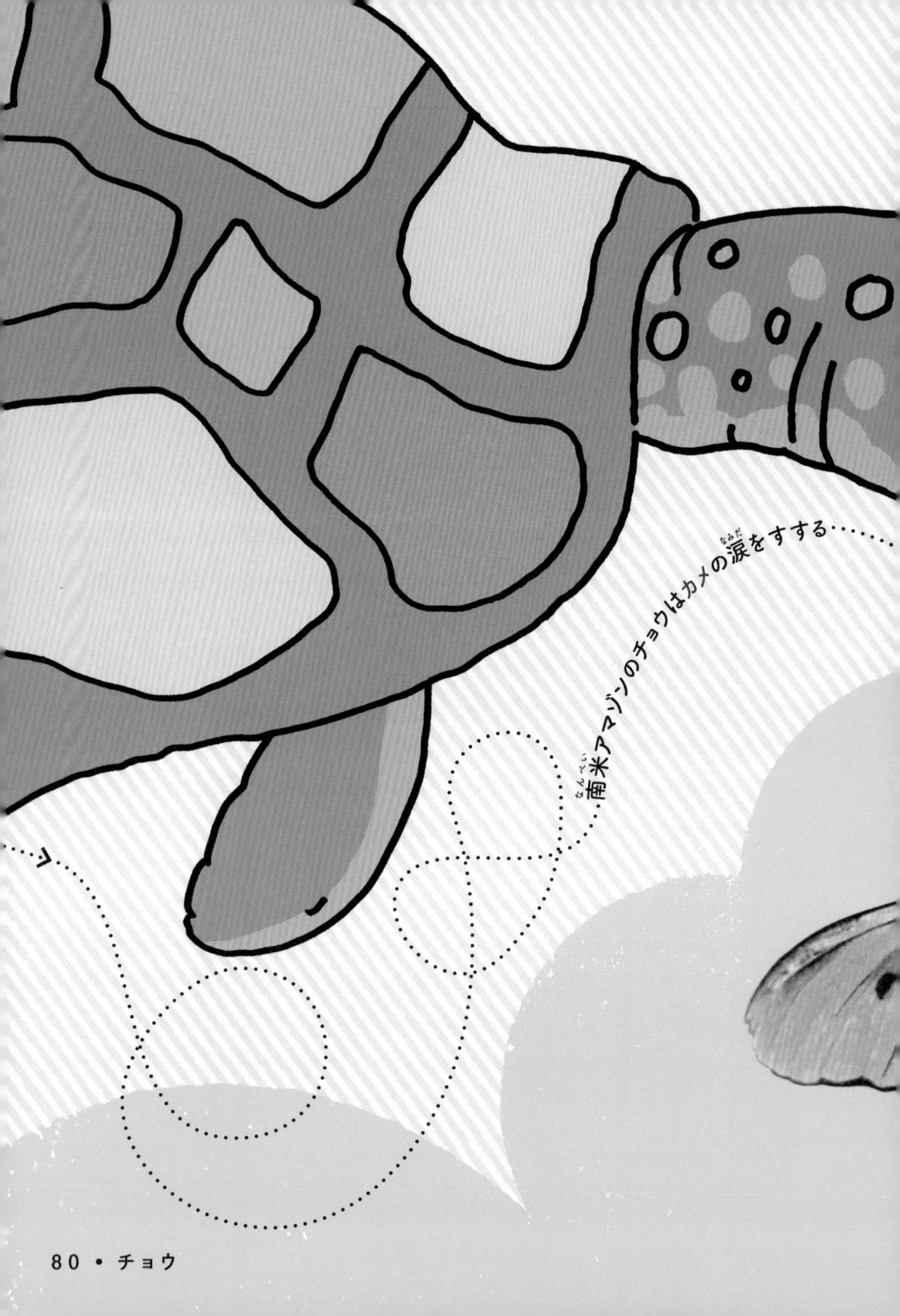

南米アマゾンのチョウはカメの涙をすする

オオカバマダラというチョウは、
毎年メキシコからカナダに向けて
旅をする。でも、1頭のチョウが
この距離を飛ぶのは無理だから、
自分から子、子から孫へバトン
タッチをする。旅が終わるのは
5代後ということもある
荷づくり開始!

動物は、
生きるために食料や水などを求めて
移動する

オオソリハシシギという鳥は、
毎年アメリカのアラスカ州を出発し、
1万1265kmの距離を飛んでニュージーランドを目指す。
なかには、ノンストップで飛びつづける鳥もいるんだ！

オーストラリアの
クリスマス島の人たちは、
毎年森から海へと移動する5000万匹ものアカガニたちが移動できるように、
カニ専用の歩道橋や
地下通路をつくって
あげている……

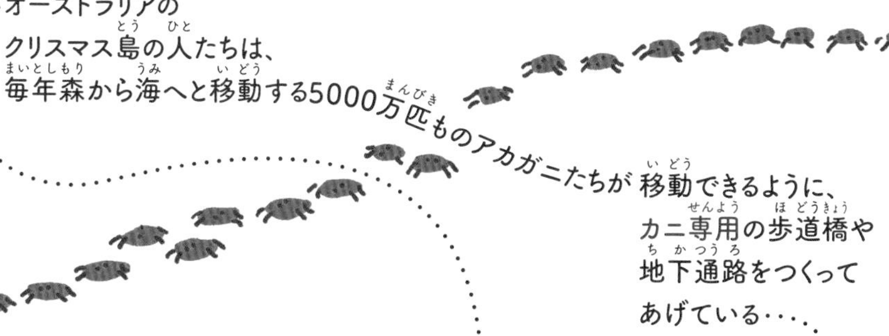

旅に出たいな～

長い距離を移動する渡り鳥は、
空を飛びながら寝る。
なかには、
1日たった12秒の睡眠だけで
足りる鳥もいる……

南太平洋の島・パラオの湖では、
ゴールデン・ジェリーフィッシュ
というクラゲが、毎日何百万匹も
太陽の光を追って水中をフワフワ
ただよっている。太陽の光は、
クラゲの体のなかに住む藻類に
栄養を与えて、
藻類はクラゲのエサになっている……

ふわぁ～なんだか眠くなってきた～

156ページへ

世界でいちばん長時間連続で飛行する旅客機の飛行時間は、18時間45分

将来、国際宇宙ステーション（ISS）に
観光客が泊まれるようになりそうだ。
1泊3万5000ドル（約500万円）で、
行き帰りの旅費は別にかかるけれど

なかなか大変だね！

世界最強のロケット

といわれる
ファルコン・ヘビーは、
合計27基のエンジンを
積んでいる。そのため、
ふつうの飛行機18機分
の力で進むことが
できる……

3…2…1…ロケット発射！

SPACEX

世界でもっとも速い宇宙船は、
パーカー・ソーラー・プローブという
太陽のなぞを解き明かすためにつくられた探査機。
最終的に時速69万2000km（スペースシャトルのおよそ24倍）に達するといわれる……

地球から月までの距離を時速60kmで進み続けるとしたら、

到着まで少なくとも267日かかる

月にも地震がある。
月の地震は、
月震と呼ばれる……

太陽系にもう存在しない
惑星からきた
ダイヤモンドが、
地球で発見されたことがある……

これまでに発見された
もっとも遠い星は、
地球から90億光年
離れている……

金星の気温は、
480度になることがある。
鉛がとけてしまうくらいの
温度だ……

あつーいものはこっち
172ページへ

流れ星は、宇宙からやってきた天体のかけらが、地球の大気にぶつかって光るときに見える。金星よりも明るい流れ星は、火球と呼ばれる

アメリカ航空宇宙局（NASA）の探査機ボイジャー1号とボイジャー2号は、1977年からずっと宇宙を飛びつづけている。いまは太陽から200億km以上離れたところを飛んでいて、次の恒星に接近するのは早くて4万年後といわれている

太陽を出発した光が地球に届くまでにかかる時間は、およそ8分20秒

木星の1日は、およそ10時間

研究者たちは、合計4万4000kg以上のいん石が毎日地球に飛んできていると考えている。いん石には、ちりほどの大きさしかないものもある

もっと大きないん石

地球に落ちて
恐竜を絶滅させた
いん石の大きさは、
直径約12kmもあった。この
直径は、1131台の大型バスを
一列に並べた長さと同じ…

恐竜は相手の気を引くために
求愛ダンスを踊っていたかもしれないと、
科学者たちは考えている。
まるで現代の鳥みたいだね…

……アメリカのフロリダ州のタンパという町には、リサイクロサウルスがいる。その正体は、リサイクル素材でできたティラノサウルスの模型で、高さは7.6mもある。皮ふもリサイクル素材で、工事に使うオレンジ色の網でできている……

恐竜の化石は、すべての大陸で科学者たちによって発見されている。もちろん、南極でも！

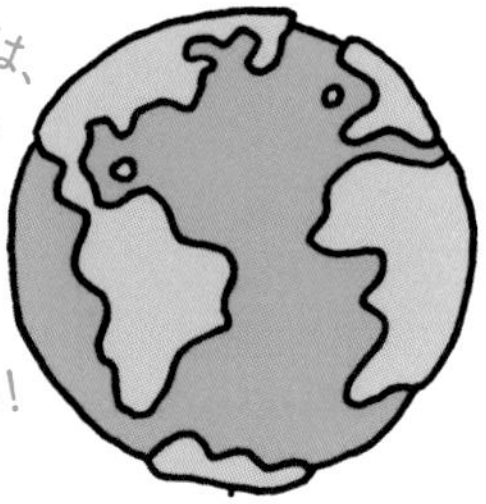

たまげた〜！

青いたまごを産む恐竜もいた。

鳥のたまごは、最初は殻が白いものがほとんど。でも、成長するにつれて茶色や、緑色や、青、ときには黒へと変わるものもある

ニワトリの耳たぶを見れば、その鳥が産むたまごの色がだいたいわかる

いろいろな色について
160ページへ

アメリカの
アリゾナ州の
オートマンという町では、
太陽の熱だけを使って
歩道の上で目玉焼きを焼く
大会が毎年
行われて
いる。

初めて月に着いた宇宙船「アポロ11号」の
宇宙飛行士たちは、ケロッグ社のコーンフレークを
持っていった。でも、一口も食べずに
持って帰ってきたんだって…

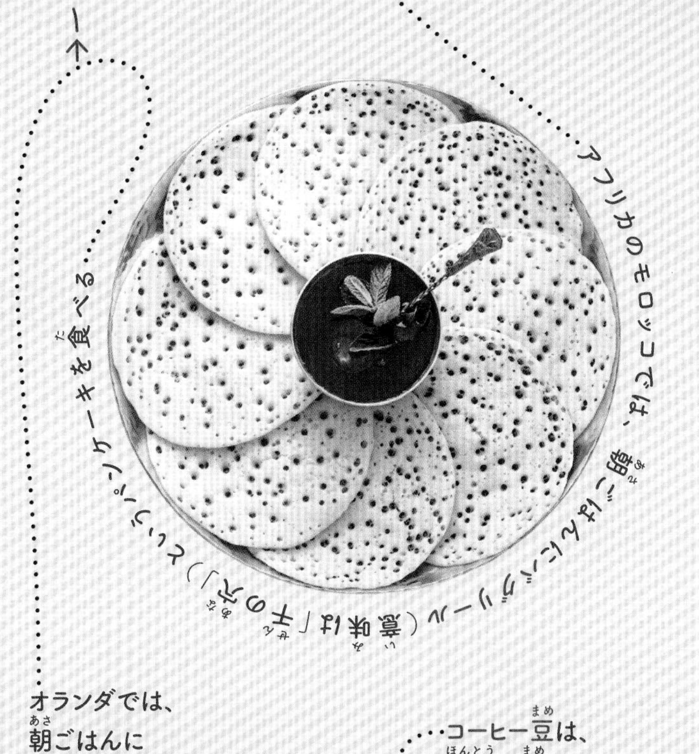

アフリカのモロッコでは、朝ごはんにバグリール（意味は「千の穴」）というパンケーキを食べる

ちょっとスローダウン

オランダでは、
朝ごはんに
ハーゲルスラグという
チョコレートのふりかけを
パンにかけて
食べることがある…

コーヒー豆は、
本当は豆ではない。
コーヒーチェリーという
果実の種なんだ…

穴を深掘り〜

44ページへ

言い伝えでは、コーヒーを発見したのは、エチオピアのヤギ飼いだった。コーヒーの

実を食べたヤギが元気に飛びまわっているのを見て、コーヒーの力に気づいた。

ヤギの黒目は、長方形のような形をしている。

長方形には、4つの辺がある。

フッ化物は、石からとれる鉱物の一種。むし歯を防いでくれることから、ハミガキ粉にも入っている。

『博物誌』という本を書いた古代ローマの大プリニウスは、歯の掃除に抜けたハリネズミの針を使っていた。

羽根ペンには、ガチョウや白鳥の抜けた羽根のなかでも特に大きい5本の羽根だけが使われていた。

これまでに知られているもっとも大きな羽毛恐竜は、高さ7mのティラノサウルス。体重は、オスのゴリラ10頭分もあった。

ゴリラの鼻には、鼻紋というしわがある。これは人間の指紋のようなもので、同じものは存在しない。

料金受取人払郵便

新宿局承認

3345

差出有効期間
2025年9月
30日まで

郵便はがき

163-8791

999

（受取人）

日本郵便 新宿郵便局
郵便私書箱第330号

（株）実務教育出版

愛読者係行

フリガナ お名前		年齢　歳 性別　男・女
ご住所	〒	
電話番号	携帯・自宅・勤務先　（　　　）	
メールアドレス		
ご職業	1. 会社員 2. 経営者 3. 公務員 4. 教員・研究者 5. コンサルタント 6. 学生 7. 主婦 8. 自由業 9. 自営業 10. その他（　　　）	
勤務先・学校名		所属（役職）または学年
今後、この読書カードにご記載いただいたあなたのメールアドレス宛に 実務教育出版からご案内をお送りしてもよろしいでしょうか		はい・いいえ

毎月抽選で5名の方に「図書カード1000円」プレゼント！

尚、当選発表は商品の発送をもって代えさせていただきますのでご了承ください。
この読者カードは、当社出版物の企画の参考にさせていただくものであり、その目的以外には使用いたしません。

■愛読者カード

【ご購入いただいた本のタイトルをお書きください】

タイトル

ご愛読ありがとうございます。
今後の出版の参考にさせていただきたいので、ぜひご意見・ご感想をお聞かせください。
なお、ご感想を広告等、書籍の PR に使わせていただく場合がございます（個人情報は除きま

…………………………該当する項目を○で囲んでください…………………………

◎本書へのご感想をお聞かせください

・内容について	a. とても良い	b. 良い	c. 普通	d. 良くない
・わかりやすさについて	a. とても良い	b. 良い	c. 普通	d. 良くない
・装幀について	a. とても良い	b. 良い	c. 普通	d. 良くない
・定価について	a. 高い	b. ちょうどいい	c. 安い	
・本の重さについて	a. 重い	b. ちょうどいい	c. 軽い	
・本の大きさについて	a. 大きい	b. ちょうどいい	c. 小さい	

◎本書を購入された決め手は何ですか

a. 著者　b. タイトル　c. 値段　d. 内容　e. その他（　　　　　　　　　　）

◎本書へのご感想・改善点をお聞かせください

◎本書をお知りになったきっかけをお聞かせください

a. 新聞広告　b. インターネット　c. 店頭（書店名：　　　　　　　　　　）
d. 人からすすめられて　e. 著者の SNS　f. 書評　g. セミナー・研修
h. その他（　　　　　　　　　　）

◎本書以外で最近お読みになった本を教えてください

◎今後、どのような本をお読みになりたいですか（著者、テーマなど）

ご協力ありがとうございました。

1種類ではなく、
4種類いるのが
最近わかった
動物、それは
キリン！

英語では、キリンの群れを「塔」にたとえて「タワー」と呼ぶ。

パリのエッフェル塔は、
7年おきに
お色直しをする。
使われる塗料は、
なんと5万4000kg。

むかしむかし洞窟に絵を描いた人たちは、
塗料にキラキラ光るラメを入れていた。
ラメの正体は、雲母と呼ばれる鉱物を
細かく砕いたもの。

人間の鼻は、
1兆種類の
においを
かぎ分けることができる。

砂漠で暮らす
フタコブラクダは、
においに敏感。
水のなかの
細菌のにおいを
かぐことができる。
そのおかげで、
最大80km離れた
場所にある水場を
見つけることが
できるんだ。

ティースプーン1杯分
（1グラム）の土には、
10億個以上の
細菌がいる。

もっと深く掘ってみよう

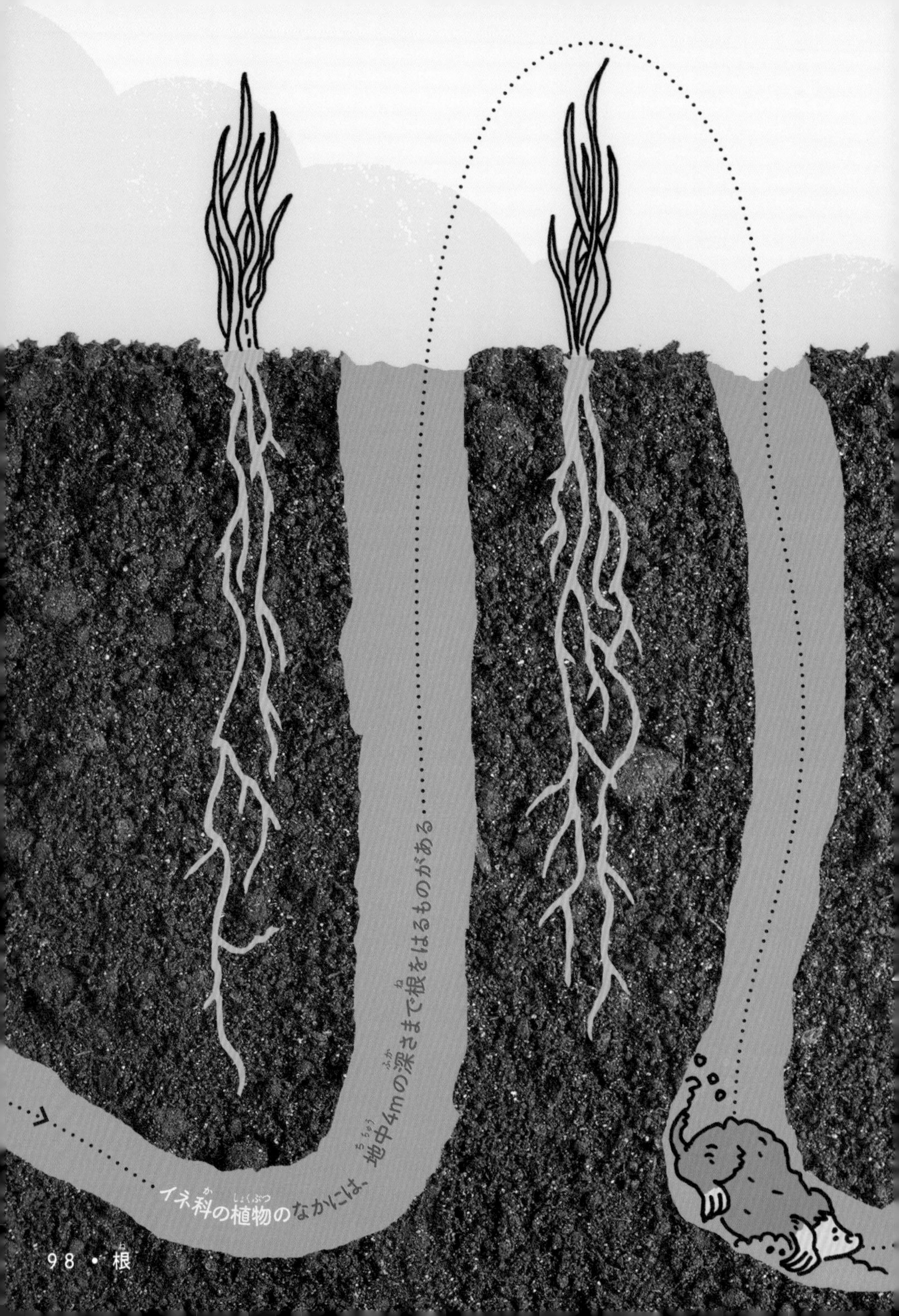
イネ科の植物のなかには、地中4mの深さまで根をはるものがある

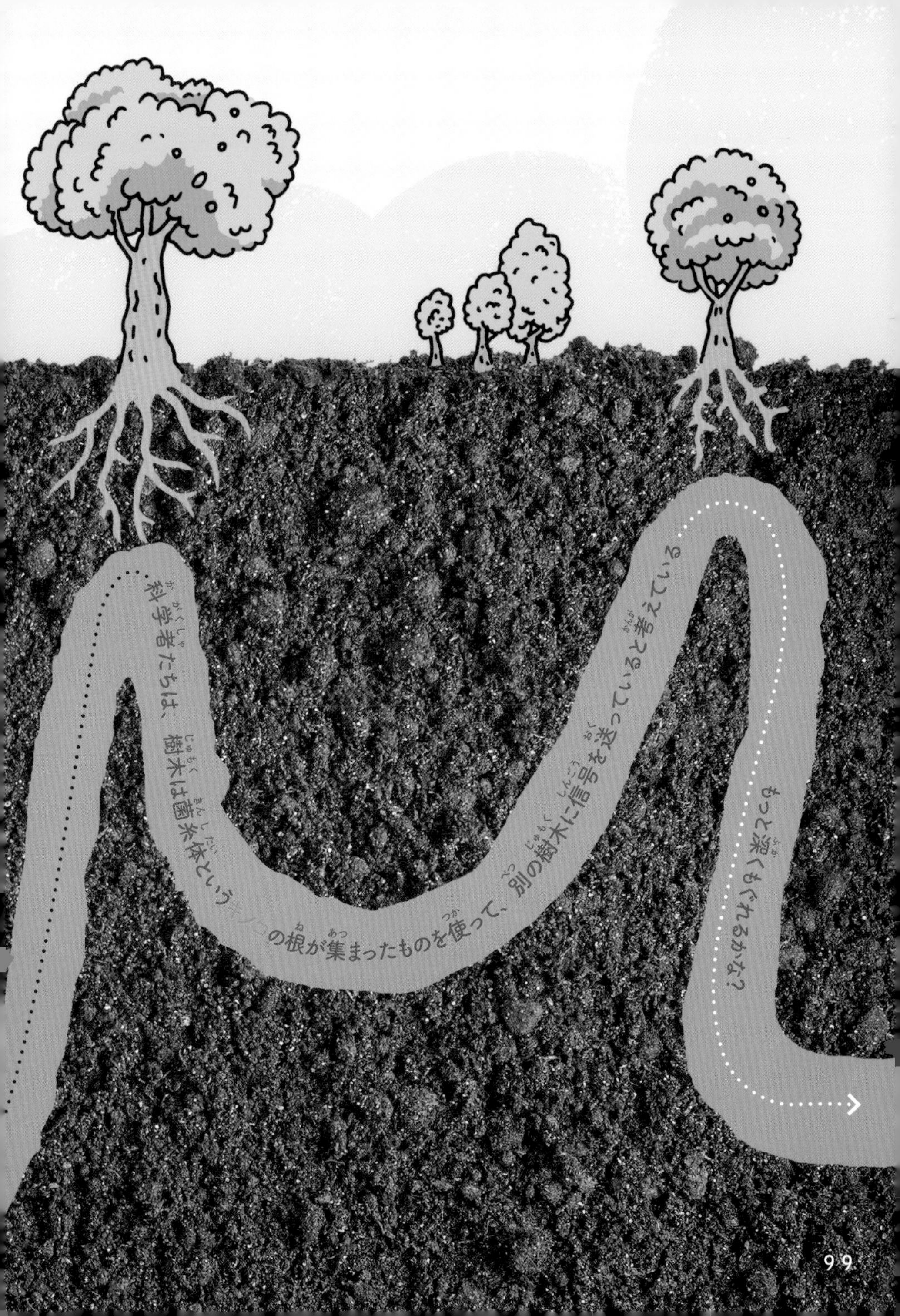
科学者たちは、樹木は菌糸体というキノコの根が集まったものを使って、別の樹木に信号を送っていると考えている
もっと深くもぐれるかな？

ハダカデバネズミのなかには、トンネルの壁に頭をぶつけることで

そのむかし、
ヨーロッパの
ルーマニアという国
には、岩塩をとる場所
が地面の下にあった。
そこがいまでは
遊園地になっていて、
ボウリング場や
パターゴルフのコース、
観覧車まである！

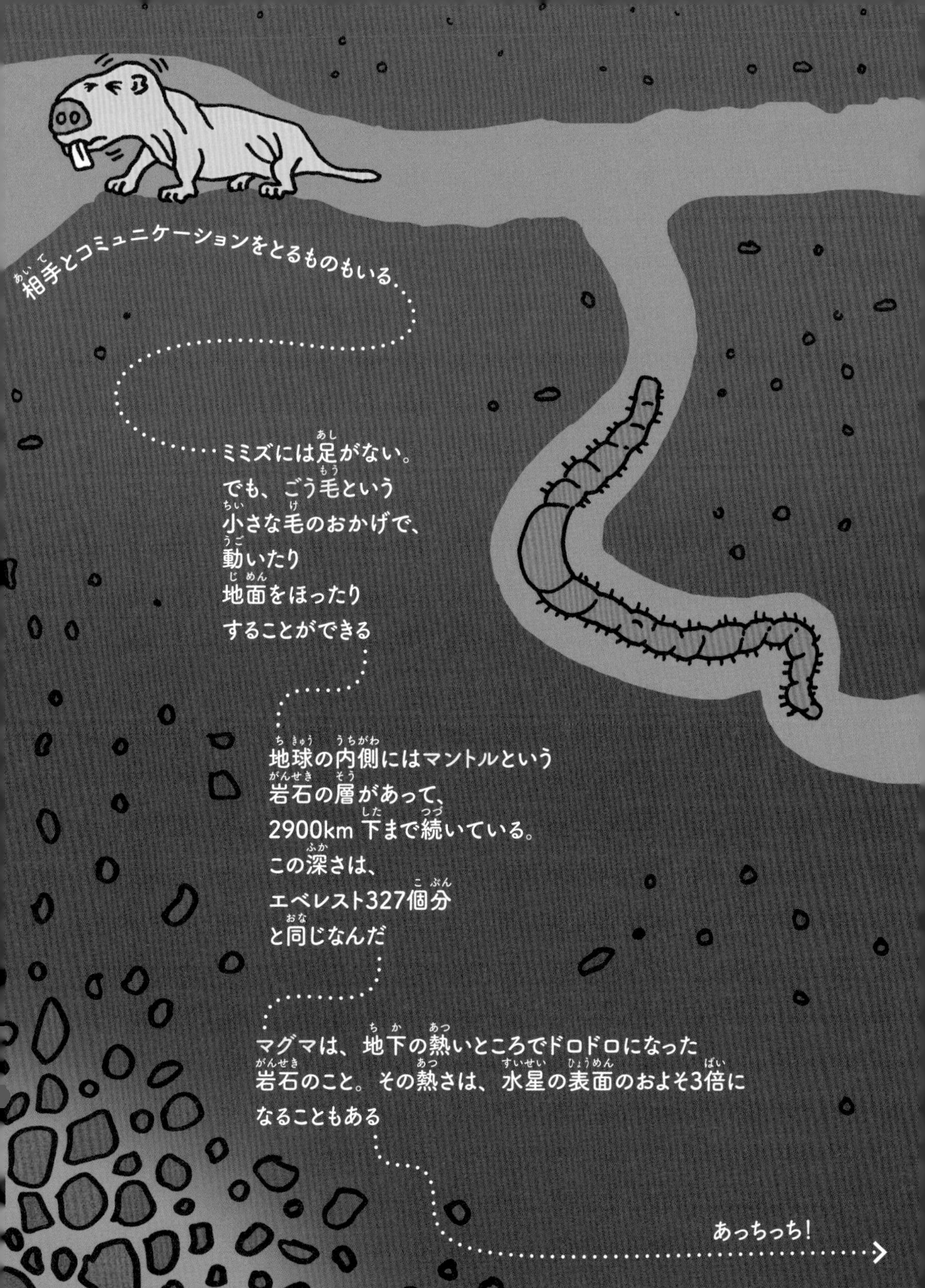

相手とコミュニケーションをとるものもいる

ミミズには足がない。
でも、ごう毛という
小さな毛のおかげで、
動いたり
地面をほったり
することができる

地球の内側にはマントルという
岩石の層があって、
2900km 下まで続いている。
この深さは、
エベレスト327個分
と同じなんだ

マグマは、地下の熱いところでドロドロになった
岩石のこと。その熱さは、水星の表面のおよそ3倍に
なることもある

あっちっち！

噴火した火山から
空中に飛びでて、
やわらかいまま地表に積もる
溶岩のことを
スパターという

これまでに記録された
もっとも大きな音は、
1883年に
インドネシアで起きた
クラカタウ火山の噴火の音。
あまりに大きな音だったので、
噴火による音波は
地球を約4周もした

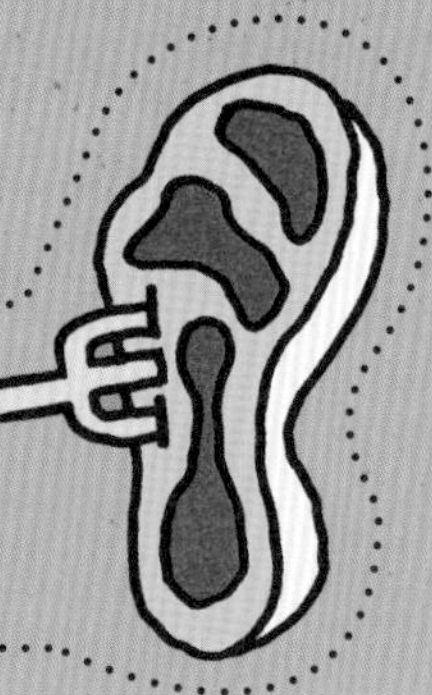

スペインのカナリア諸島には、火山の熱を使って
料理をするレストランがある

たまごを抱えてあたためるのではなく、
火山灰のなかに埋める鳥がいる。
火山の熱を利用して、
たまごをかえすんだって

たまごについてはこっち
92ページへ

アフリカのタンザニアという国には、
黒や銀といったふしぎな色の溶岩を出す
火山がある。理由は、カーボナタイトという
特別な岩石を含んでいるからなんだって……
うわぁ～！　すごい！

岩塩は、人間が食べられる唯一の石
ウルルは、オーストラリアの砂漠の真ん中にある巨大な砂岩
(砂が固まってできた岩)。4億年前は海の底にあったんだ

ジオード（晶洞）は、なかが空洞になっている岩石。
内側は、結晶でおおわれている。ほとんどのジオードは
片手で持てるくらいの大きさだけど、長さ8mの巨大な
ものもあって、内側の結晶は人間と同じくらい大きい

こっちにお宝があるよ～

現在のアフガニスタンで発見された
古代バクトリアの宝の山は、
これまでに発見された
宝の山のなかでも最大級。
金でできたアクセサリーや武器のほか、
折りたためるくらい薄い金のかんむりが
見つかった

金を見つけに行こう!
136ページへ

「キャプテン・キッド」と呼ばれた
海賊のウィリアム・キッド船長は、
盗んだお宝を
アメリカのニューヨーク州の
ロングアイランドの海底に埋めた。
でも、ほとんどの海賊は、
宝を埋めたりなんか
しなかった

ヨーホー!

伝説によると、黒ひげと呼ばれた有名な海賊は、
敵を怖がらせるために、
ひげに導火線を編みこんで火をつけていた
ほとんどの海賊船には、
「海賊のおきて」という
ルールがあった。
「夜8時には、あかりや
ロウソクを消すこと」
というルールもあった
ルールは守らないとね

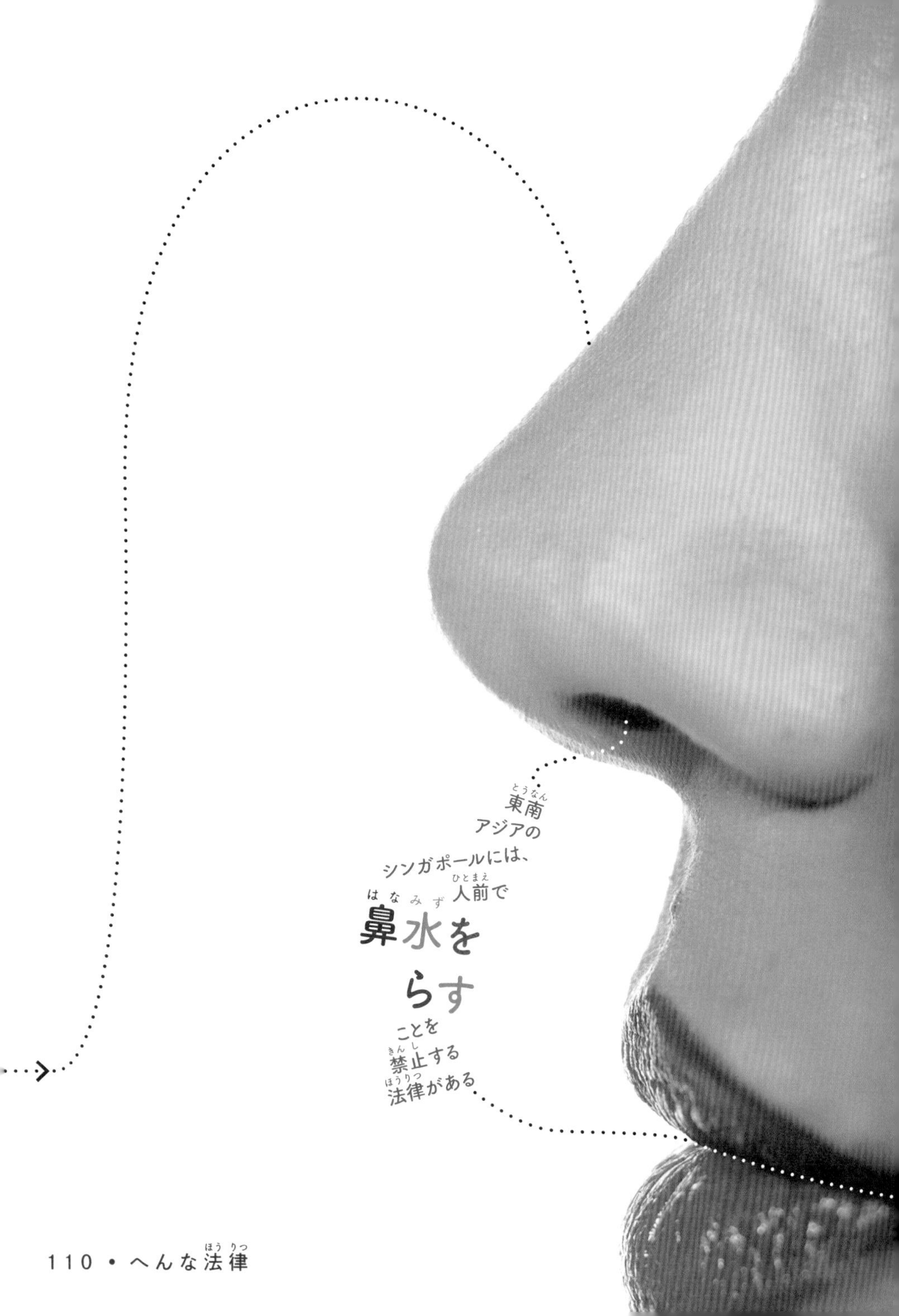

東南アジアのシンガポールには、人前で**鼻水をらす**ことを禁止する法律がある

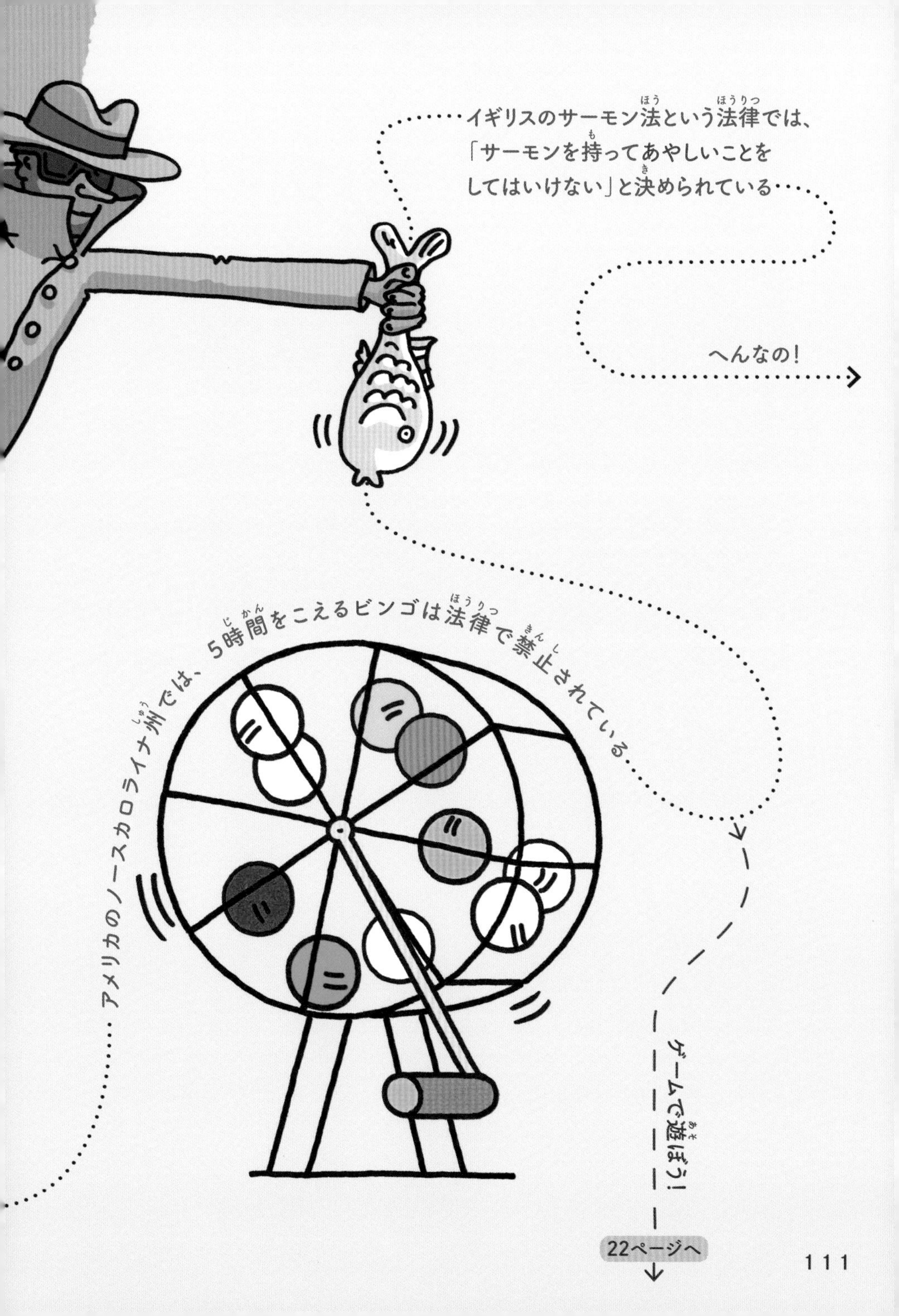
イギリスのサーモン法という法律では、
「サーモンを持ってあやしいことを
してはいけない」と決められている
へんなの!
アメリカのノースカロライナ州では、5時間をこえるビンゴは法律で禁止されている
ゲームで遊ぼう!
22ページへ

いま地球上にいる、鳥類、ほ乳類、は虫類、両生類、魚類のなかで、いちばん種類の数が多いのは魚類。ほかの4つの種類の数をたしたものよりも多い。

地球の中心は、かたい金属の球でできている。

風船を使って小さな家を持ち上げるためは、ヘリウムガスでいっぱいになった風船が2350万個も必要になる。

家の形がUFOそっくりなプラスチック製の住宅が、世界中に70軒ほどある。

UFOのための着陸場があるのは、カナダのアルバータ州。

カナダは、国民一人あたりのドーナツ店の数が、世界でいちばん多い。

ガリウムという金属は、手のひらでとける。

南米チリのアタカマ砂漠では、

左手のかたちをした高さ11mの彫刻が砂漠から生えて見える。

ジェフ・クーンズは、ステンレスの巨大彫刻で有名な芸術家。風船でつくった犬のようなステンレス彫刻には、90億円近くで売れた作品も。

イカしてるね！

ダイオウイカの脳は、ドーナツみたいなかたちをしている。体と口のあいだに頭があって、頭の真ん中を食道が通っている。

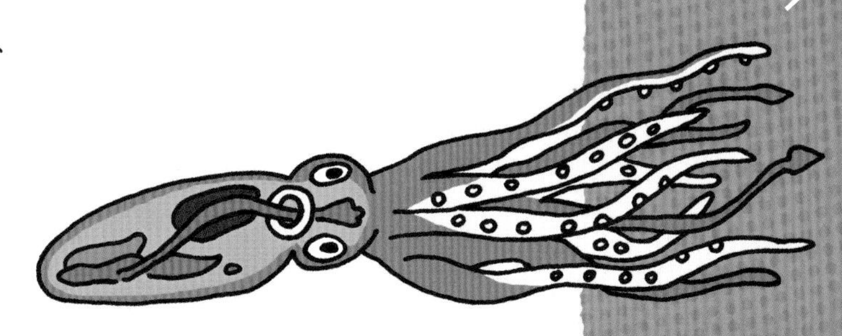

深海に住むダイオウイカの目は、どの生き物よりも大きい。平均で直径30cmのお皿くらい、最大で50cmもある
ほかに大きなもの

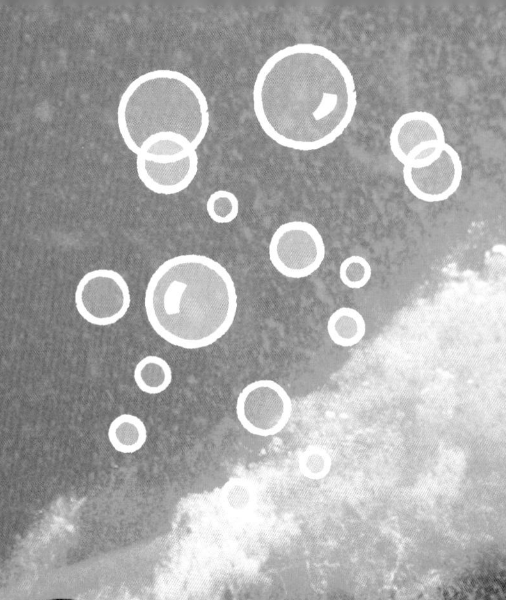

地球(ちきゅう)で
いちばん
大(おお)きな
動物(どうぶつ)は、
シロナガス
クジラ。
舌(した)だけで
ゾウ1頭分(とうぶん)の
重(おも)さなんだって！

太陽系の惑星のなかで
いちばん高い山は、火星にある。
オリンポス山という山で、
高さは約2万2000mもあり、
エベレストの約2.5倍

次は、小さなもの

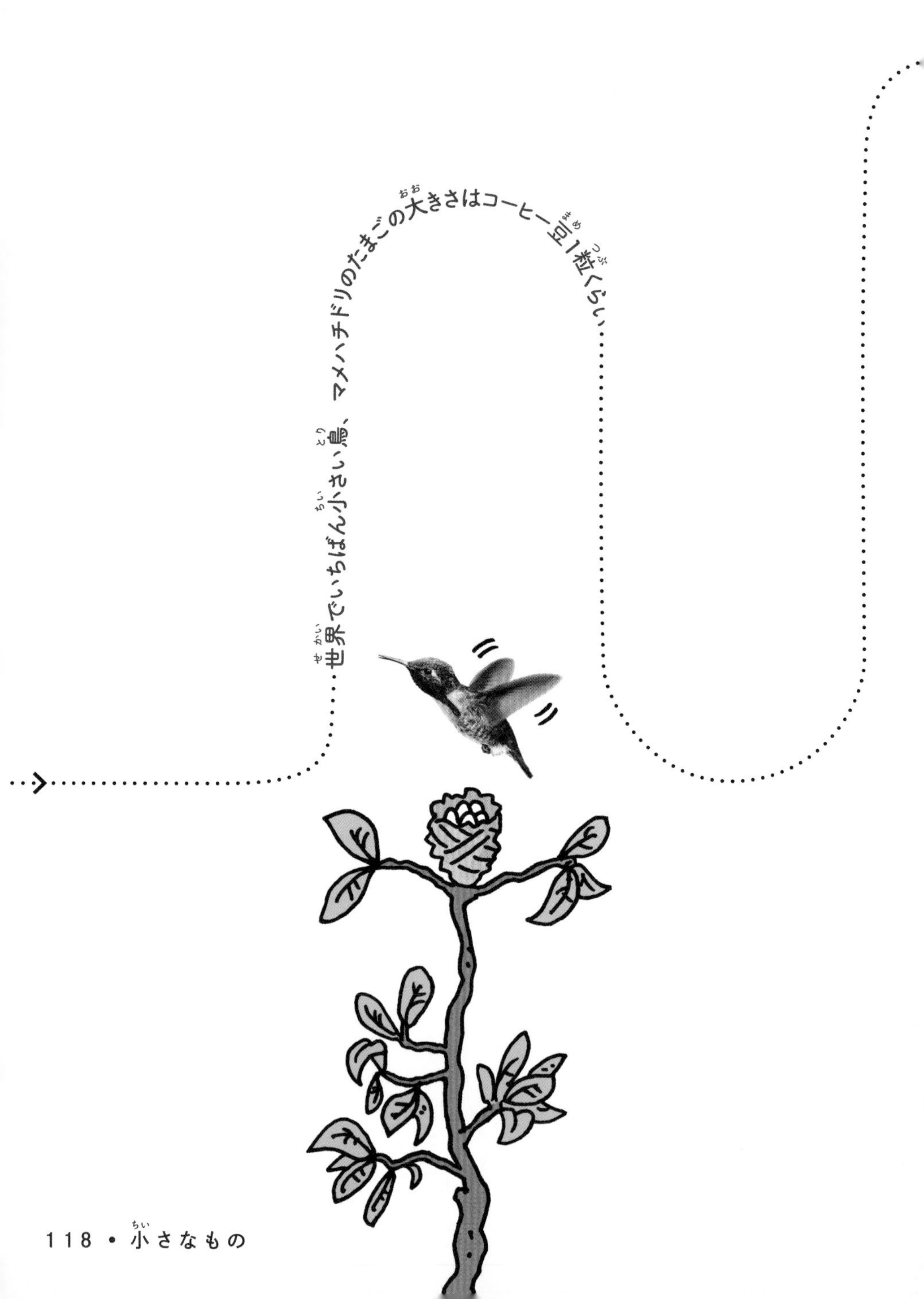
世界でいちばん小さい鳥、マメハチドリのたまごの大きさはコーヒー豆1粒くらい

世界でいちばん小さい生き物は細菌。あまりに小さいので、

150000個

も人間の髪の毛先に乗ることができる

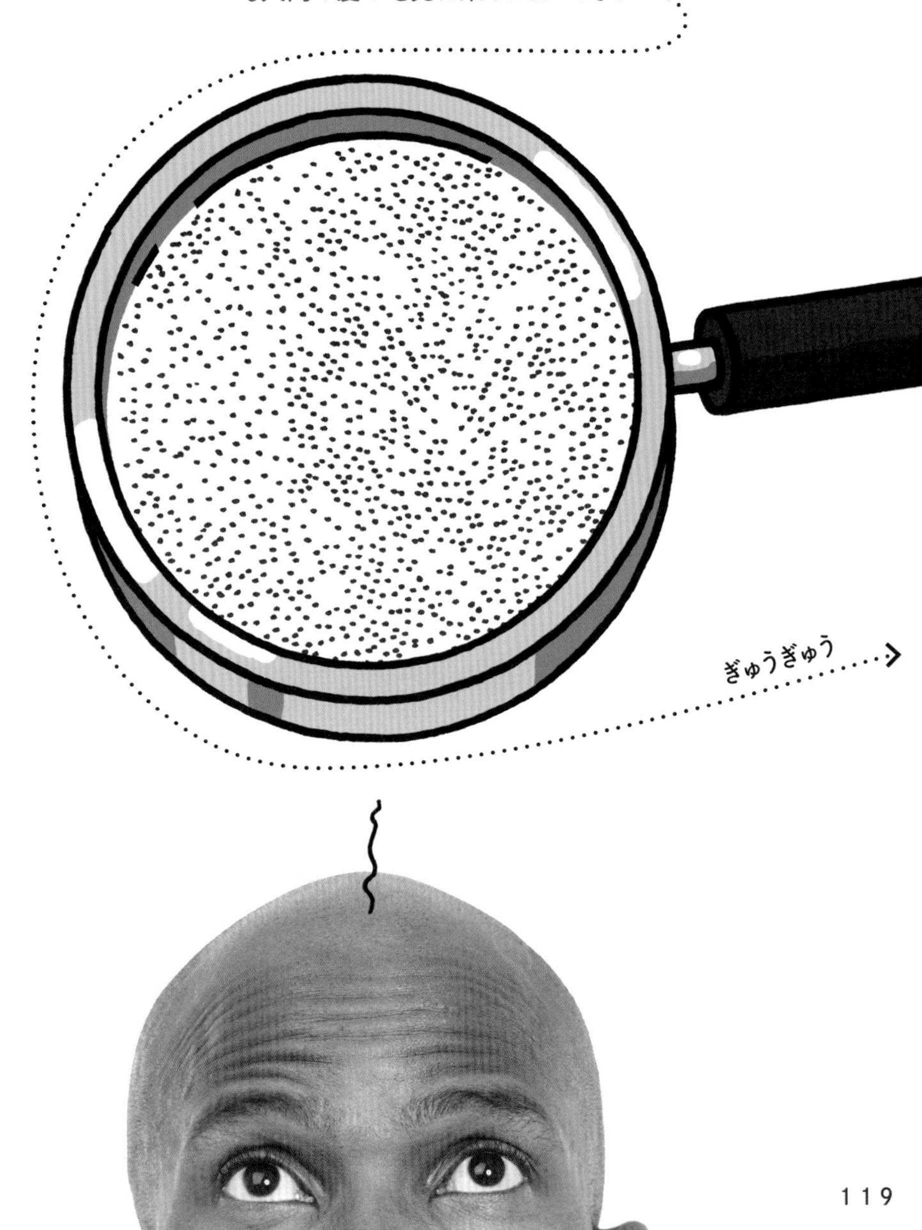

細菌には、集団で移動したり、ほかの細菌を攻撃したりするものもいる。こうした細菌の群れは「ウルフパック」（オオカミの群れ）と呼ばれる…

ラッコは、仲間と手をつないで水面で眠る。こうしておけば、流される心配がないからだ。まるでいかだのように見えるので、ラッコの群れは「ラフト」（英語で「いかだ」の意味）と呼ばれる。1000匹以上で休むことも！…

…パグの群れは、英語で

グランブル

という。

のどをゴロゴロならす音が由来だとか…

コロニーとは、生き物の集団のこと。
クモのコロニーには、5万匹をこえるクモが
一緒に生活しているものもある
クモの糸にからまった〜
14ページへ
フクロウの群れは、英語で
議会、国会を意味する
パーラメント
という
ホーホー！

ハヤブサは、時速およそ322kmの速さで
急降下することができる。このスピードは、
F1のレーシングカーの平均時速よりも速いんだ
フクロウは、
エサを
丸のみ
できる

これまでに発見されたなかでいちばん重い鳥の巣は、
2羽のハクトウワシがつくったもの。直径2.7mをこえ、
重さは2000kg近い。車よりも重いってこと！
科学者たちは、猛禽類のなかには、
地磁気（地球が出している磁気）が
見えるほど目がいいものもいると
考えている
しっかり見てる

アメリカのテキサス州のダラスという町にある
ホテルの前には、直径9.1mの巨大な目玉がある。
芸術家が、自分の青い目をモデルにしたんだって

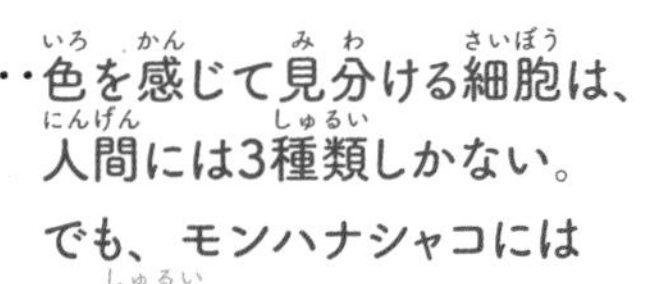

色を感じて見分ける細胞は、
人間には3種類しかない。
でも、モンハナシャコには
16種類もある

ツノトカゲは、
敵に向けて目から血を
飛ばすことができる

くらえ～

めずらしい建物

60ページへ

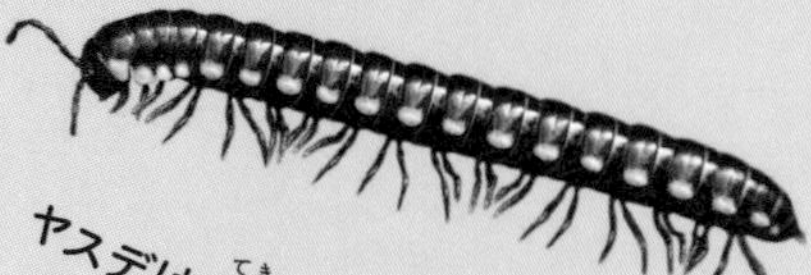

ヤスデは、敵に向けてシアン化合物という危険な物質を出すことがある。

ミイデラゴミムシという虫は、ピンチのときにおしりからくさくて熱い化学物質を出す。1秒に500回も！

ジバクアリは、敵から巣を守るために、おなかからベタベタの毒を出して自爆する。

ヌタウナギは、ウナギのように見える水の生き物。
1秒でコップ4杯分のスライムをつくる。スライムが
魚のエラに入ると、魚は息ができず死んでしまう。
ラーテルという動物は、
ピンチになると
くさい
ガス
をおしりから出す。
くっさ〜い!

ツバメケイの
別名(べつめい)は
「世界一(せかいいち)くさい鳥(とり)」。
理由(りゆう)は、
うんちみたいな
においだから。
くさすぎて、
敵(てき)も近(ちか)よって
こないらしい！

78ページへ

植物の世界

ポップコーン好き!

ショクダイオオコンニャク

は、虫を寄せつけるために、**くさった肉**のにおいを出す

東南アジアの森の木の上で暮らすビントロングという動物は、**ポップコーン**のようなにおいがする

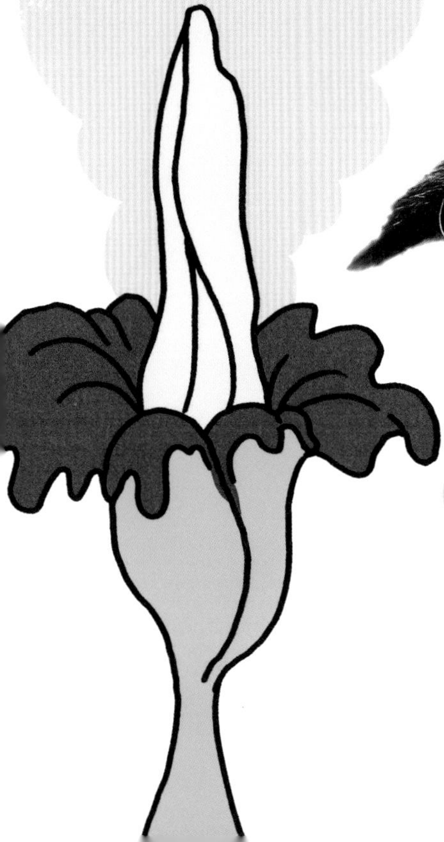

大むかしのペルーの人たちも
ポップコーンを食べていた。
考古学者たちは、6000年前の
トウモロコシの軸を発見した。
そこには、ポップコーン状の
実がついていたんだって。
ペルーばんざい！

ペルーには、
カプセルの
かたちをした
ガラス張りの
ホテルがある。
なんと、
崖から
ぶらさがって
いるんだって！

フルグライト（閃電岩）は天然の
ガラス管で、強いカミナリが砂の上に
落ちてできる。

カミナリが通るとき、周りの空気は
ものすごく熱くなる。その熱さは、
太陽の表面の5倍にもなるんだって。

アナツバメは、
東南アジアで
暮らす鳥。
自分の唾液
だけで巣を
つくれるんだ。

アナホリフクロウは、プレーリードッグなどの
動物がつくった地面の穴をちゃっかり自分の
巣にしてしまう。巣のなかをほかの動物の
うんちで飾ったりすることもあるんだって。

うんちが
化石になった
ものを
糞石という。

科学者は、5700万年前の
ペンギンの化石を発見した。
なんとそのペンギン、
生きていたころは人間くらいの
大きさだったんだって！

ペンギンは、
においで
家族を
見分けている。

太陽にも竜巻はある。
最大で
時速30万kmの速さで
回転するんだ。
その速さは、
地球でいちばん速い竜巻の
およそ600倍もある。

水上竜巻は、
海や湖などの
水中や水上で
発生する竜巻
のこと。

サケイは、ハトの仲間の鳥。
水で羽毛をびしょびしょにして、
ヒナの
のどが
かわいた
とき、
しぼって
飲ませて
あげるんだ。

科学者たちは、恐竜の羽毛の化石を
発見した。その化石には、シラミや
マダニの化石もくっついていた。

マダニは、人間や動物にくっつく
とき、唾液からセメント様物質と
いう強力なのりをつくる。

動物と仲良くなりたい!

においを感じる
細胞は、
犬には3億個ほど
ある。
人間には600万個
ほどしかない。

むかしむかし、中国には「そで犬」
と呼ばれる犬がいた。理由は、
服のそでのなかに
入れて持ち運べる
くらい小さかった
から。

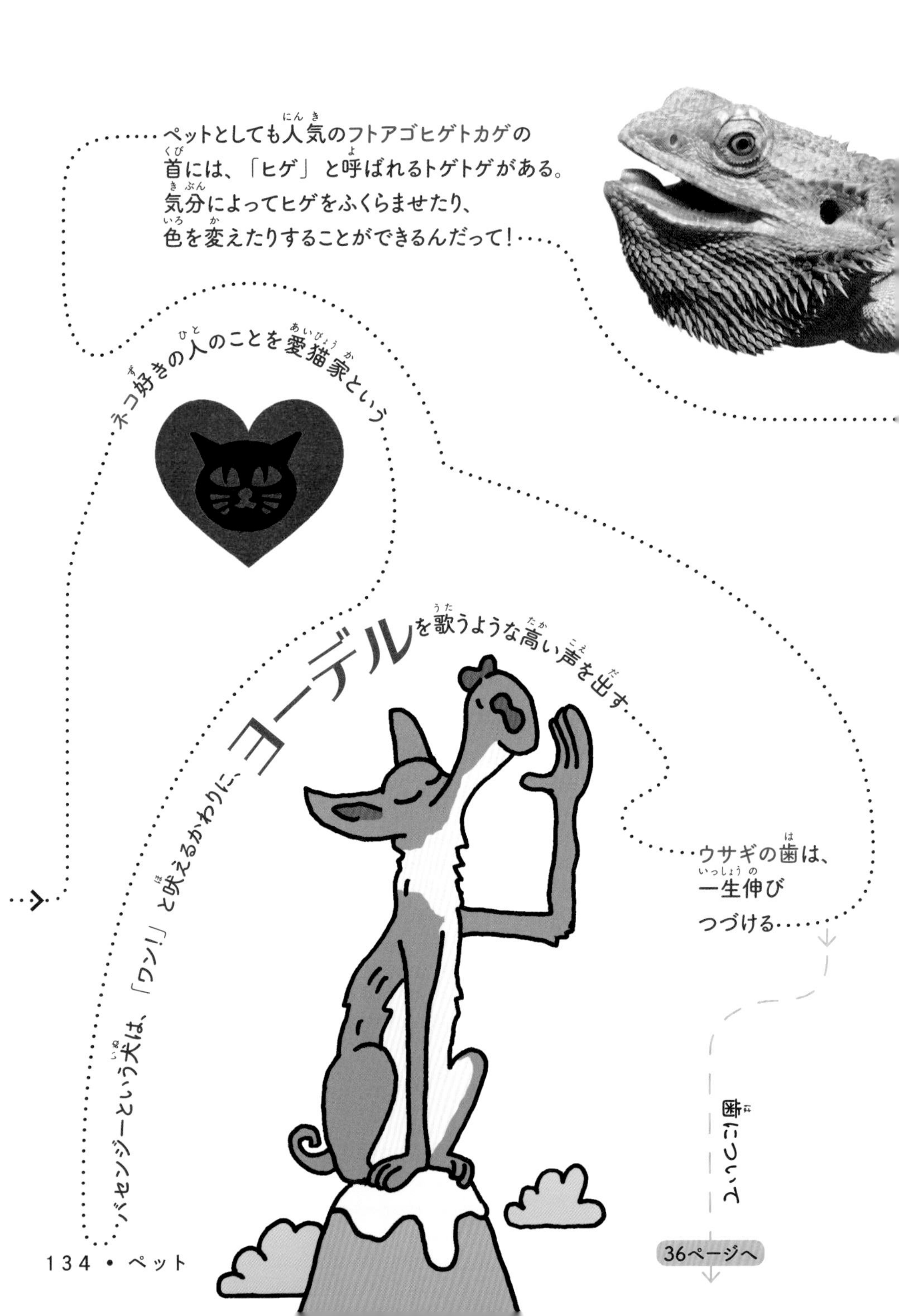

ペットとしても人気のフトアゴヒゲトカゲの首には、「ヒゲ」と呼ばれるトゲトゲがある。気分によってヒゲをふくらませたり、色を変えたりすることができるんだって！

ネコ好きの人のことを愛猫家という

バセンジーという犬は、「ワン！」と吠えるかわりに、ヨーデルを歌うような高い声を出す

ウサギの歯は、一生伸びつづける

歯について
36ページへ

むかしむかし、中国では、金魚は幸運のしるしとして大切にされていた。とても貴重だったので、王様とその家族しか飼えなかった

金魚の次は金！

海には、
およそ1400万kgの
金
が溶けている

科学者たちは、地球にある金は宇宙からきたのかもしれないと考えている

アメリカ航空宇宙局（NASA）のジェームズ・ウェッブ望遠鏡は、
18枚の鏡でできていて、
1枚1枚の鏡は、
とても薄い金でおおわれている

パイライトという石の別名は
「うっかり屋さんの金」。理由は、
うっかり金と間違えてしまうくらい
似ているから。見分ける方法は、
金属のハンマーで叩くこと。
火花が出たら、その石はパイライト。
火花が出なければ、
本物の金

なるほど！

28グラムの金を
うすーーく伸ばしていくと、
目に見えないくらい細い針金になる。その長さは80km。

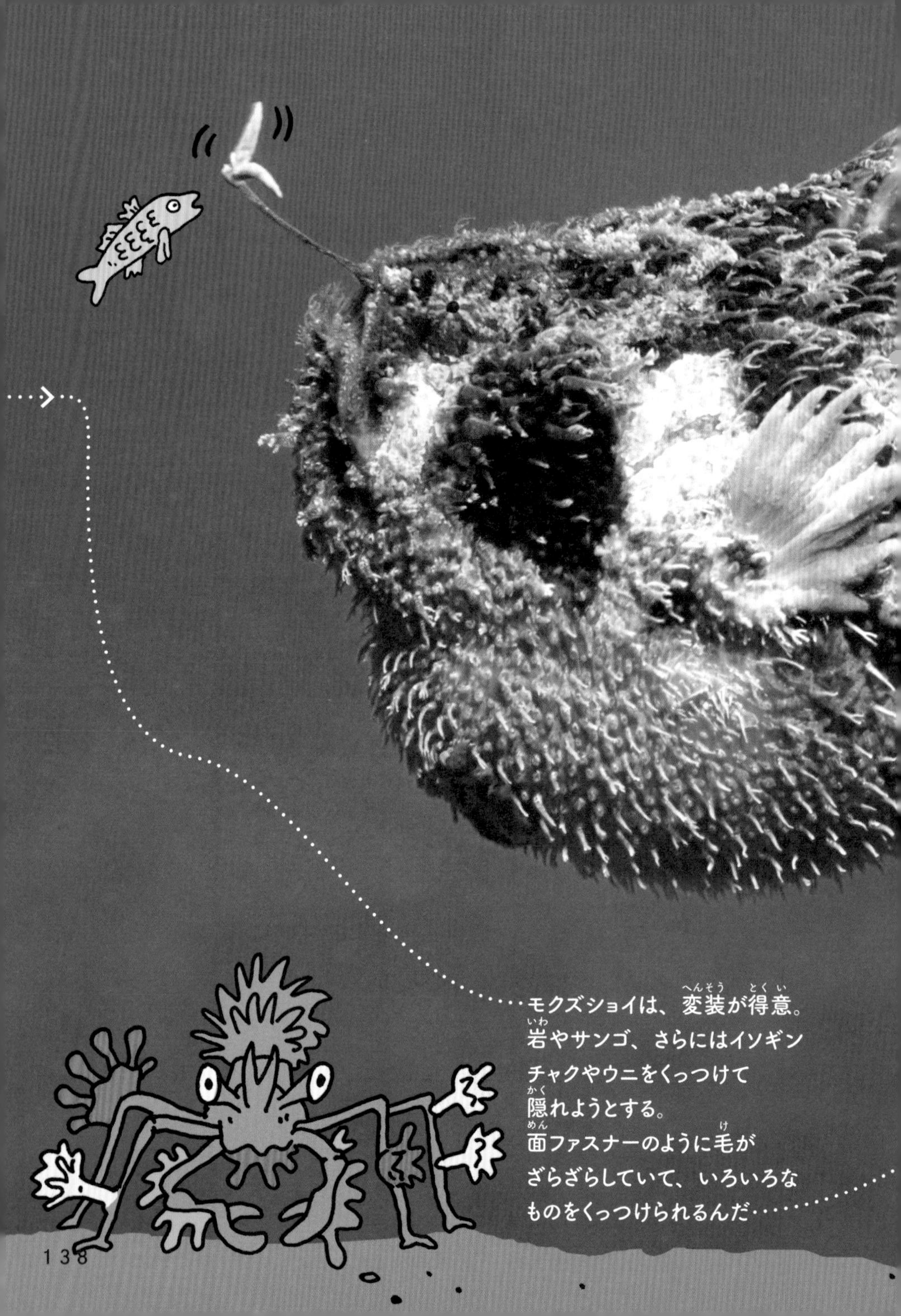

モクズショイは、変装が得意。
岩やサンゴ、さらにはイソギン
チャクやウニをくっつけて
隠れようとする。
面ファスナーのように毛が
ざらざらしていて、いろいろな
ものをくっつけられるんだ……

カエルアンコウの仲間は、頭にニセのエサをつけている。見た目はまるでミミズのよう。これをエサだと思って近よってきた魚をパクリと食べてしまう……

ぜひ見てみたいね！

ミミックオクトパスというタコの仲間は、モノマネの名人。体の色はもちろん、体のかたちまで変えて、カニやウミヘビ、タツノオトシゴとそっくりになれるんだ……

人間の脳は、
たった13ミリ秒
（0.013秒）で
なにを見ている
のかがわかる。

脳が出す電気信号は、
ものすごい速さで
伝わる。
その速さは、
時速435km にもなる。
世界一速い電車よりも
速いんだ！

びんの中に船を入れたボトルシップで世界一大きなものは、
なかに大人が入れるくらい巨大。

ペットボトルなどのプラスチック
製ボトルが水と二酸化炭素に
なるまで、450年以上かかる。

科学者たちは、プラスチックを
食べる細菌を発見した。

電気は、みんなの家にあるコンセントから流れてくる。でも、デンキウナギには、それよりも強い電気を出せるものもいる。なんと860ボルトの電気を出して、獲物を気絶させてしまうんだ。

ウナギの仲間のウツボは、自分で自分の体を結ぶことができる。

「結び目」を意味する「ノット」は、船の速さの単位でもある。

どんどん進むよ!

細菌が1.8mくらいの高さまで飛び散ってしまうから、ふたを開けたままトイレの水を流してはいけない!

いまから1400年ほど前の中国の本のなかに、トイレットペーパーのことが書かれている。これは、記録としては世界一古い。当時のトイレットペーパーは、麻や米からつくられ、学者が書き物をした紙まで使われていたんだって。

…1年間につくられる印刷用紙を
ぜんぶ使って本をつくったら、
12兆ページのものすごく分厚い本ができる…

『ボイニッチ手稿』は、600年前のなぞの本。ドラゴンや城、植物など、いろいろなものが描かれている。絵だけでなく、古い暗号のような文字も書かれているんだけど、歴史家や暗号の専門家でさえ「さっぱりわからん」とお手上げなんだって！

ことばってふしぎだね！

世界には、
声ではなく
口笛の音で
伝えあう
言語がある。

世界では、
じつに
7000以上の
言語が
話されている。

耳をすまそう

194ページへ

トキポナという
言語には、
単語が123個しかない。
世界には、
映画や
テレビ番組のために
まったく新しい
言語をつくる
という仕事がある。
ふたご語とは、まだことばを
知らないふたごの赤ちゃんどうしで
使うことば。ふたごの約40%が
ふたご語を話すらしいんだけど、
ほかの人にはまったく
わからないんだって。
そっくりなふたご

一卵性のふたごは、すべてが同じわけではない。一卵性のふたごでも、指紋は違うんだ

2本の鋭いツメをもつことから名前がついたフタユビナマケモノは、
世界一動きがおそい動物。
あまりにも動かないので、
毛にコケが生えてしまうんだ

太陽系の惑星のなかで自転（天体が自分で回転すること）がいちばんおそいのは金星。360度回転するのに、243日もかかるんだ

海には、ゆっくり泳ぐ魚がたくさんいる。たとえば、タツノオトシゴは、1時間に1.5mくらいしか進まないんだ
スピードを上げていくよ！
シロナガスクジラの心臓の鼓動はゆっくりで、1分間に2回しか打たないこともある

世界一速いバスタブは、ゴーカートを改造してつくられた。最高時速190km！お風呂が走るってすごい！
世界一足が速いリクガメの名前はバーティ。秒速28cmで走ったことが記録されている

いそげ、いそげ〜！

宇宙には、がか座ベータ星という星があるんだけど、この星は、
これまで発見されたどの星よりも速いスピードで自転している。
だから、一日はたった8時間しかない。自転のスピードは時速9万 km。
ちなみに、地球の自転はおよそ時速1609km

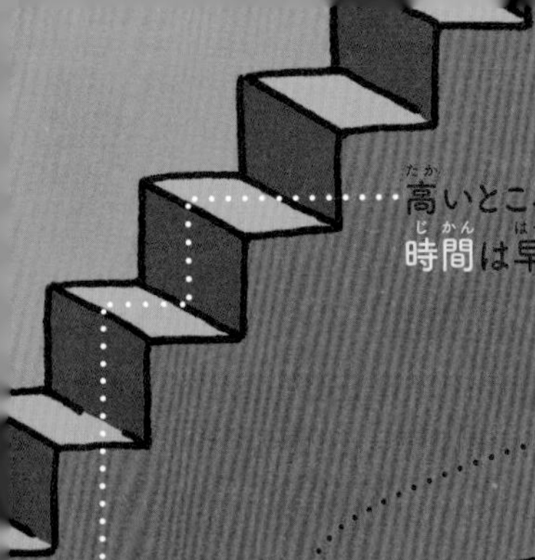

高いところに行けば行くほど、
時間は早く進む

プロキシマ・ケンタウリは、太陽の次に地球に近い恒星（自分で光る星）。

クレオパトラが生きた時代は、
エジプトにギザの大ピラミッドが
できた時期よりも、
アメリカにピザハットのお店が
初オープンした年のほうが
近い！

そこからやってくる光は、わずか4年ほどで地球に届く
新しいことやめったにやらないことに挑戦するとき、時間の流れがおそくなったように感じることはない？　科学者たちはこれを「オッドボール効果」と呼んでいる
恐竜が生きていたころ、一年は370日だった
いまより長かったんだね！
大空にはばたけ！
84ページへ

8ページへ

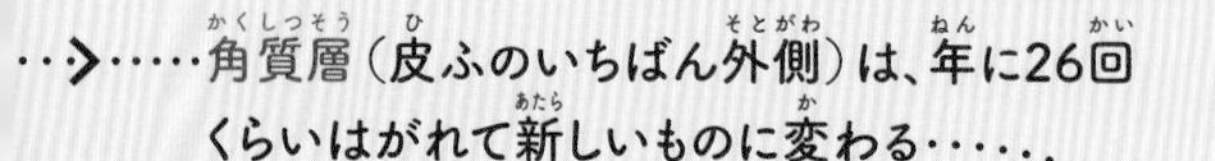

……角質層(皮ふのいちばん外側)は、年に26回くらいはがれて新しいものに変わる……

最初にもどって再出発!

世界では、毎年およそ1億3000万人

専門家たちによると、地震は、確認できるだけでも毎年およそ50万回発生している……

……わたしたちは、1時間に1200回くらいまばたきをする。科学者たちによると、まばたきの目的は、目のうるおいを保つだけではないらしい。脳の集中力が回復するんだって……

（1分で250人）の赤ちゃんが生まれている

人間が一年に寝る時間の平均は3000時間。
「そんなに寝るの!?」って思うかもしれない
けれど、コアラは6500時間以上も寝る！

ハンドウイルカは、片目を開けて眠る

めざまし時計

で起きると、見ていた夢を思い出そうとしても、
なかなか思い出せないことが多い……

シーッ！　まだ寝てる

およそ12%の人は
白黒の夢を見る

色(いろ)を足(た)してみよう

太平洋に浮かぶパプアニューギニア
という国にいるミドリチトカゲは、
血が緑色
フラミンゴがピンク色なのは、エビやカニ、藻など、赤いものを食べるから。

124ページへ

目について

瞳の色が
右と左で
違うことを
「オッドアイ」
という

寝ているときに色が変わる
タコもいる

南米の国ペルーには、
レインボーマウンテンという山が
ある。黄色、水色、赤、紫の
しま模様は、まるで虹のよう

虹のかなたへ〜

食べ物について

188ページへ

ムーンボウとは、夜に見える虹のこと。

オーストラリアに伝わる伝説では、

虹がかかるとき、その上にぼんやりと

ハワイには、レインボーフォールズという滝がある。

北欧の神話には、ビフレストという虹の橋が出てくる。

世界でいちばん長く空にかかり

虹には終わりがない。なぜなら、虹はまるいから。

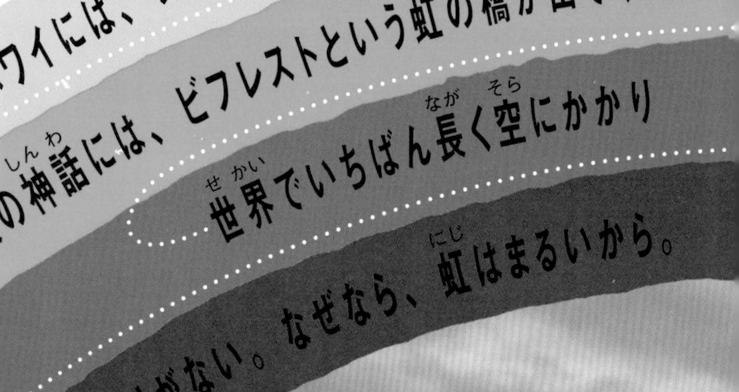

月の光が反射して見えるんだ

虹色の巨大なヘビが世界をつくったとされる

もう1本別の虹が見えることがある

霧にきれいな虹がかかることで知られる場所なんだ

人間の世界と神様の世界をつなぐ橋なんだって

つづけた虹の記録は、なんと9時間

飛行機のなかから、虹の円が見えることもあるんだ

ぐるぐると

アフリカのナミブ砂漠には、草が枯れて大地が

見える場所がある。みずたま模様のように広がる円は何千個もあって、「フェアリーサークル」と呼ばれている。こうなった理由はわからない

次はどんな模様？

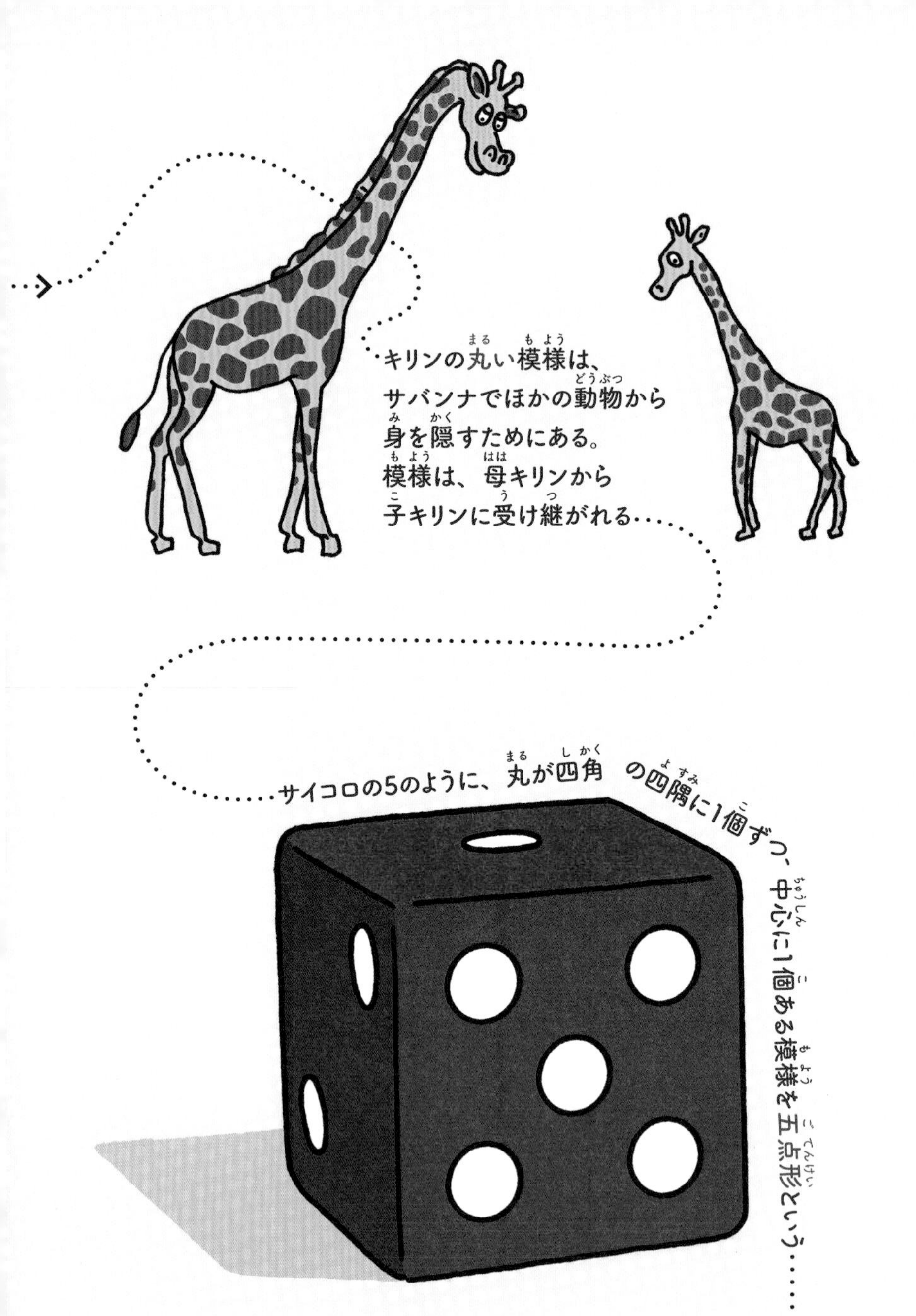

キリンの丸い模様は、
サバンナでほかの動物から
身を隠すためにある。
模様は、母キリンから
子キリンに受け継がれる…

サイコロの5のように、丸が四角の四隅に1個ずつ、中心に1個ある模様を五点形という…

……フラクタルとは、全体のうちの一部分を拡大したとき、全体と同じような形になるもの。ロマネスコ、ブロッコリー、樹木、海岸線、雪の結晶などは、みんなフラクタルなんだ……
雪降れ〜

……>……雪は、いろいろなかたちの氷の結晶がくっついてできている。
科学者たちは、毎年、

1,000,000,000,000,

寒っ！

000,000,000,000

（1秭個）の氷の結晶が
空から降っていると
考えている

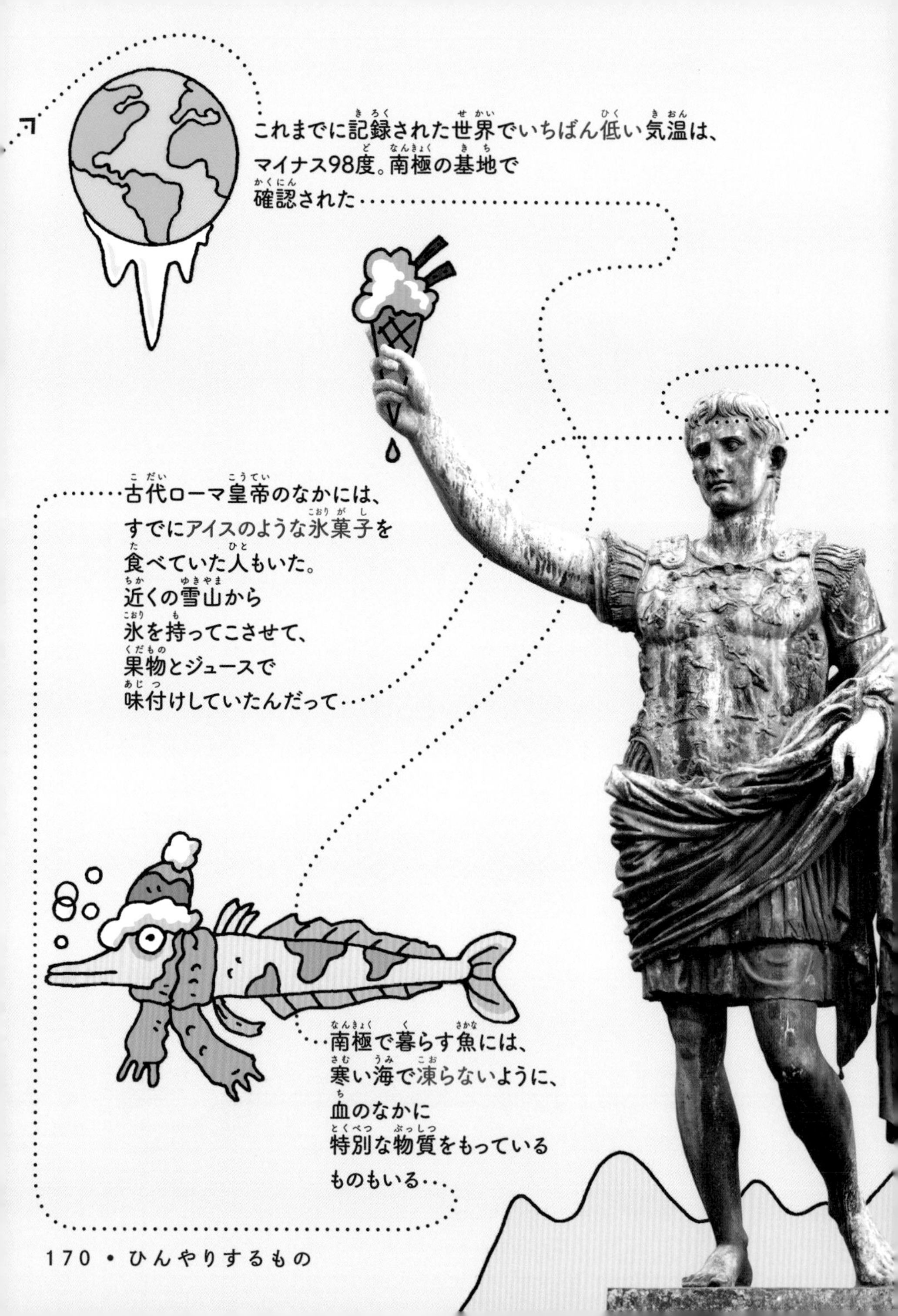

これまでに記録された世界でいちばん低い気温は、
マイナス98度。南極の基地で
確認された……

古代ローマ皇帝のなかには、
すでにアイスのような氷菓子を
食べていた人もいた。
近くの雪山から
氷を持ってこさせて、
果物とジュースで
味付けしていたんだって…

南極で暮らす魚には、
寒い海で凍らないように、
血のなかに
特別な物質をもっている
ものもいる…

雪と一緒に雷が発生するめずらしい
現象のことを雷雪という。カタカナだと
サンダースノー。
タイタンは土星の衛星（惑星の
周りを回る星）のひとつで、
氷を吹く火山があるといわれる……
次はあつい話！

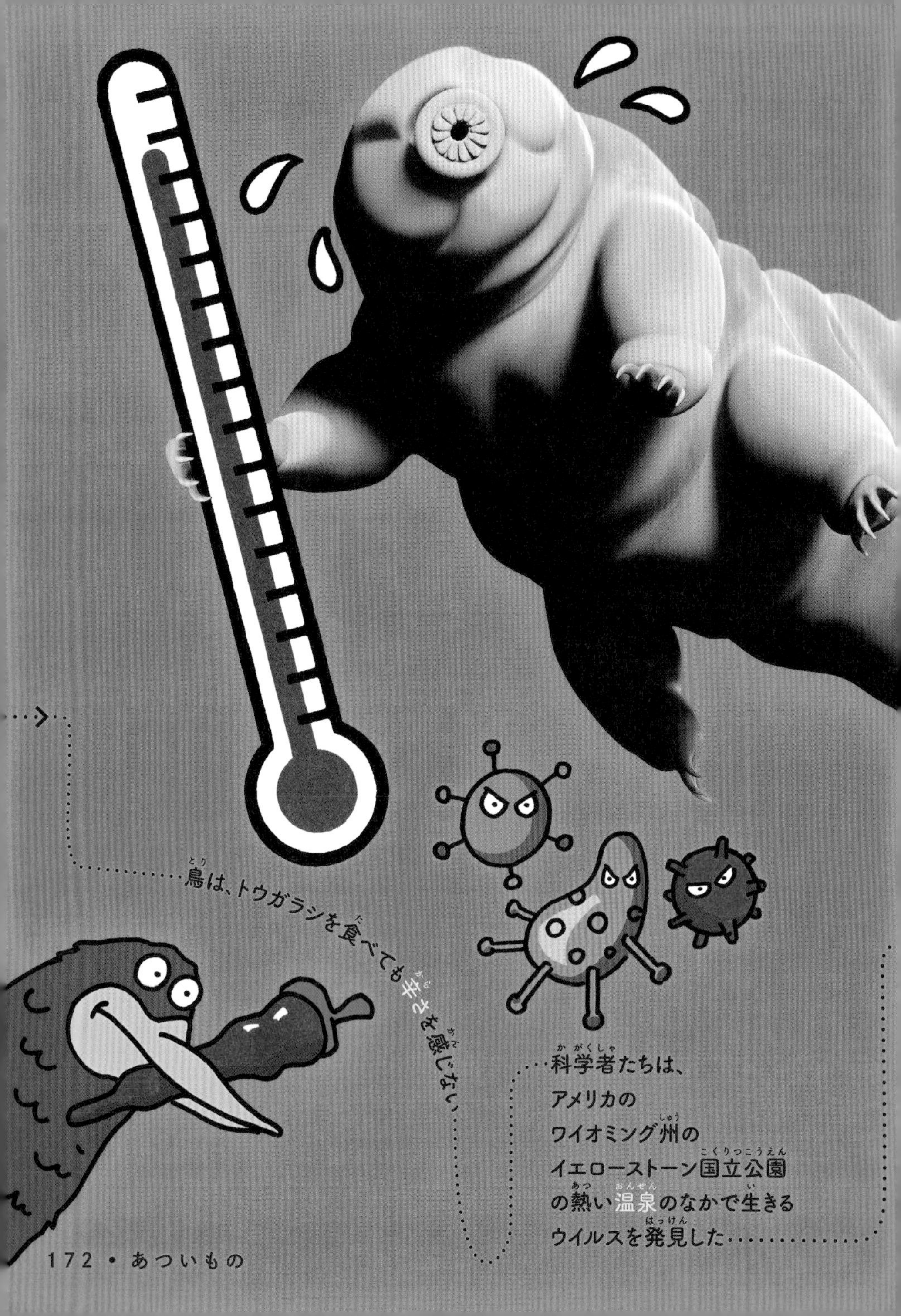
鳥は、トウガラシを食べても辛さを感じない
科学者たちは、
アメリカの
ワイオミング州の
イエローストーン国立公園
の熱い温泉のなかで生きる
ウイルスを発見した

大きな星が死ぬとき、
中心の温度は10億度をこえる。
それから超新星爆発という大爆発が起きるんだ。

地球には、かんぽ動物という小さな生き物がいる。クマに似ているから「クマムシ」とも呼ばれる。
体長わずか0.5mmだけど、沸騰したお湯のなかでも生きられるんだって！

のどがカラカラ…

アフリカのサハラ砂漠は、世界一広くて暑い砂漠。サハラ砂漠のように、風で運ばれてきた砂が積もってできた砂漠を、砂砂漠（エルグ）という

星まで届け！

178ページへ

南米チリのアタカマ砂漠は、ほとんど雨が降らない乾燥した砂漠。科学者たちは、こうした乾燥した場所に、人間が火星で暮らすためのヒントが隠れていると考えている。

火星の夕焼けは青い。

青い羽がきれいなモルフォチョウ。でも、チョウ自身は実は青くない。青く見えるのは、羽にある鱗粉が青い光を反射するからなんだ。

コモドドラゴンとも呼ばれるコモドオオトカゲは、世界でいちばん大きなトカゲ。口から出す毒は、スイギュウのような大きい動物でさえも殺してしまう。

バイキングの船には、前の部分にドラゴンの頭が彫られたものもあった。

アフリカスイギュウの特徴は、左右の角の根元がくっつきそうなくらい接近していること。

オスのオオツノヒツジの角は、重さが14kgになることがある。全身の骨すべてよりも重いんだ。

骨のなかが空洞になっているのは、空を飛ぶ鳥。

オオコウモリは、羽を広げた大きさが最大で1.8mにもなる、世界でいちばん大きなコウモリ。顔がキツネに似ているので、「空飛ぶキツネ」とも呼ばれる。

ホッキョクギツネには、100年以上前にほられた巣穴で暮らすものもいる。

スクラブルは、アルファベットと数字が書かれた100枚のタイルを使うゲーム。

世界でいちばん古いボードゲームは、セネトというゲーム。大むかし、エジプトの人たちが遊んだゲームで、死後の世界への旅をあらわしているんだって。

古代エジプトの王様であるファラオが亡くなると、死後の世界で使うものと一緒にお墓に埋められた。ギザのピラミッドをつくったクフ王は、全長43.9mの船と一緒に埋められたんだって。

鳥には、全身にアリをたからせるものもいる。科学者たちは「アリが出す物質が虫除けになるから、わざわざこんなことをするのでは?」と考えている。

アリの心臓は、細長い管のようなかたちをしている。

トリビア大好き!

ビルマニシキヘビの心臓は、ちょっとだけ変わっていて、たくさん獲物を食べると、大きさが2倍近くふくらむ。ワニを食べることもある！

宇宙には、
ハート星雲と
いう天体がある。赤い色と
ハートみたいなかたちは、
真ん中でたくさんの星が
動いているからなんだ

タコには心臓が3つもある

星は、
キラキラまたたいているわけではない。
地球の大気が星からの光をゆがめる（シンチレーション）から、またたいて見える
地球から50光年離れたところで巨大なダイヤモンドが
発見された。科学者たちによると、その大きさは100億
カラットの1兆倍の1兆倍。もともとは、星の核だった

186ページへ

宝石

沖縄の海には、
星のかたちをした砂がある。
実はこれ、砂じゃなくて
有孔虫という
アメーバの仲間の
カラなんだ

ヒトデには
脳がない

図であらわすと、わかりやすいね

星の位置や明るさを図で
あらわしたものを星図と
いうんだけど、
大むかしの人たちは、
動物のかたちを使って
星図を描いていた。
フランスの洞窟の壁に、
動物を使った星図がある

アメリカ航空宇宙局は、地球への行き方を地球外生命体に伝えるために、

宇宙に地図を送った……

……地図をつくる会社は、
誰かが勝手に地図を使わないように、
架空の町（ペーパータウン）や
架空の通り（トラップストリート）を
わざと地図に入れることがある……

右よし、左よし、渡ってよし！

ニュージーランドのダニーデンでは、世界でいちばん急な坂道「ボールドウィン・ストリート」で2万5000個の赤いお菓子を転がして速さを競うイベントが毎年ある。

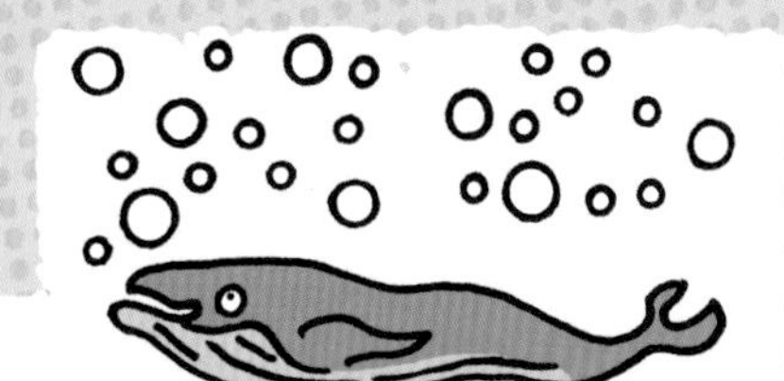

ザトウクジラには、特別な方法で漁をするものもいる。円を描くように泳ぎながら泡を出し、それをアミのように使ってエサを捕まえるんだ。

バスケットボールのゴールはリングとネット（アミ）だけど、最初はモモを入れるカゴだった。

世界でいちばん大きなモモは、アメリカのサウスカロライナ州にある。それは「ピーチョイド」という、モモのかたちをした給水塔。370万リットルもの水を貯めることができるんだ。

ニュージーランドの
牧場のシュレックと
いうヒツジは、
6年間行方不明だった。
発見されたとき、
男の人のスーツが
20着もつくれるくらい、
毛がモジャモジャに
なってしまっていた。

ヒツジは、人間の
顔を見分けられる。
それだけでなく、
覚えられる。

世界でいちばん人気
の絵文字は、
笑顔に涙のついた
泣き笑い顔。

人間の涙には、粘液
というネバネバした
液体が含まれている。

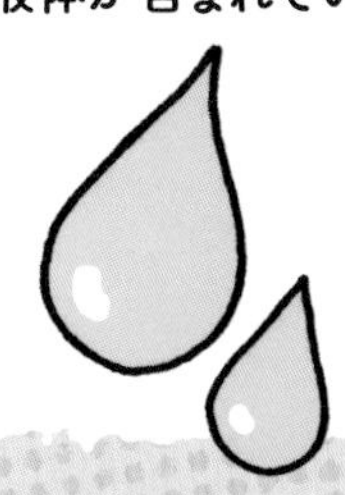

ブダイという魚は、
エラから粘液を出し、
粘液でできた泡の膜の
なかで眠る。
ネバネバした泡の膜が
寄生虫から守って
くれるんだって。

空からなにか降ってきた！

空から落ちる雨のしずくが
赤色や茶色に見える、
「血の雨」という不思議な
現象がヨーロッパなどで
あること、知ってた？
科学者たちによると、
砂漠から飛んできた砂が
雲のなかにある水と
混ざるからなんだって。

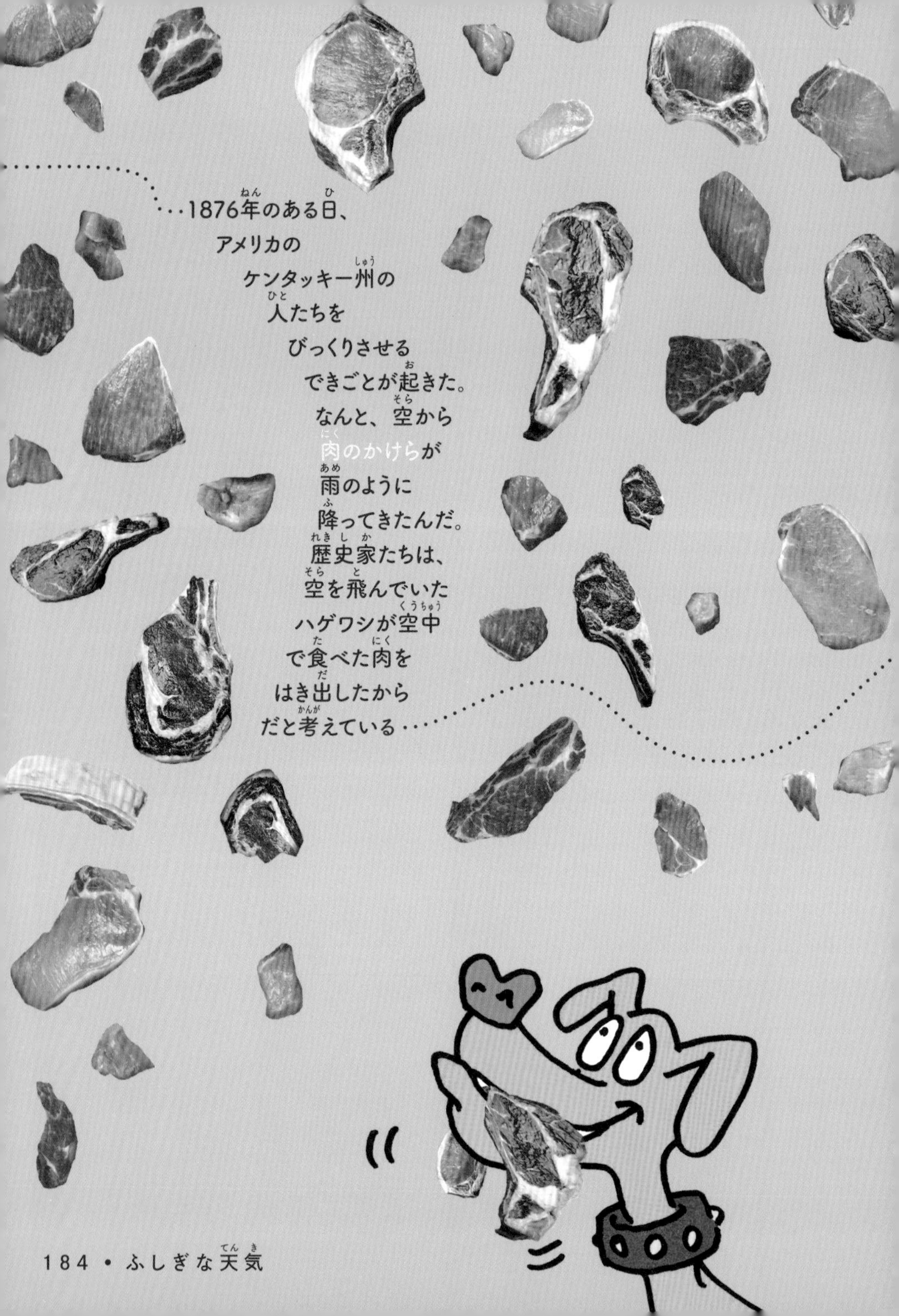

…1876年のある日、
アメリカの
ケンタッキー州の
人たちを
びっくりさせる
できごとが起きた。
なんと、空から
肉のかけらが
雨のように
降ってきたんだ。
歴史家たちは、
空を飛んでいた
ハゲワシが空中
で食べた肉を
はき出したから
だと考えている…

木星（もくせい）と土星（どせい）では、ダイヤモンドの雨（あめ）が降（ふ）る
きれいな雨（あめ）!

古代ギリシアや
古代ローマの人たちは、
ダイヤモンドは神様の涙だ
と信じていた……

宝石店の看板犬

ハニー・バン

は、1万ドル分の
ダイヤモンドを
うっかり食べてしまった。
ダイヤモンドは、ハニー・
バンの体のなかを通って、
無事おしりから
出てきた……

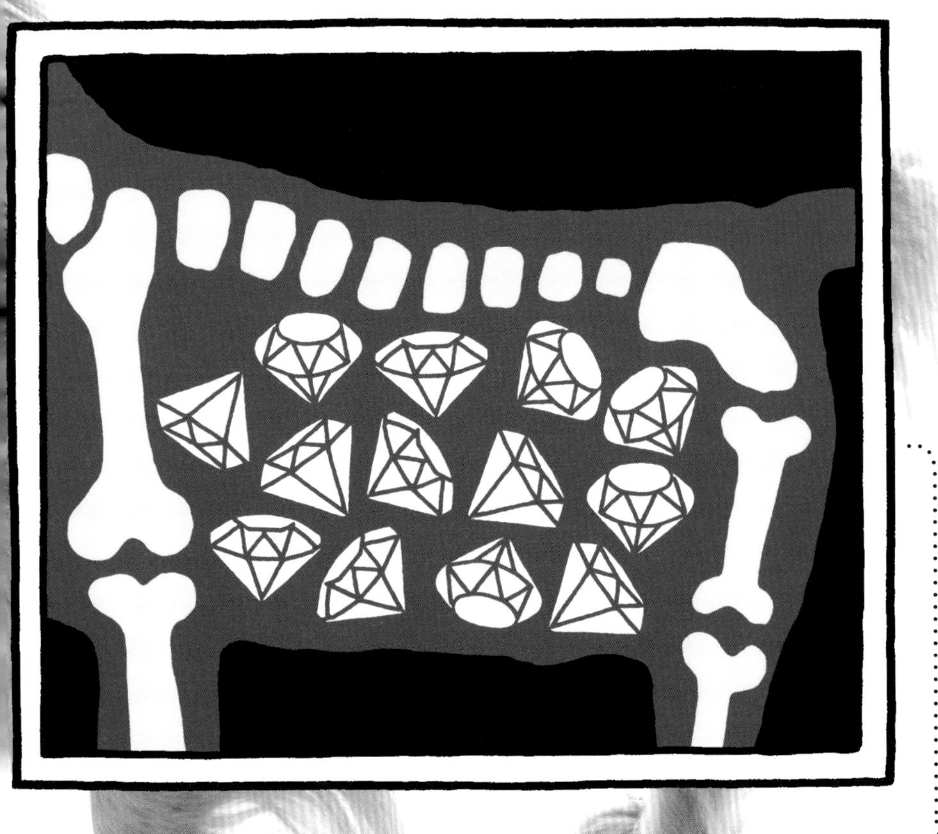

ここでちょっと一休み

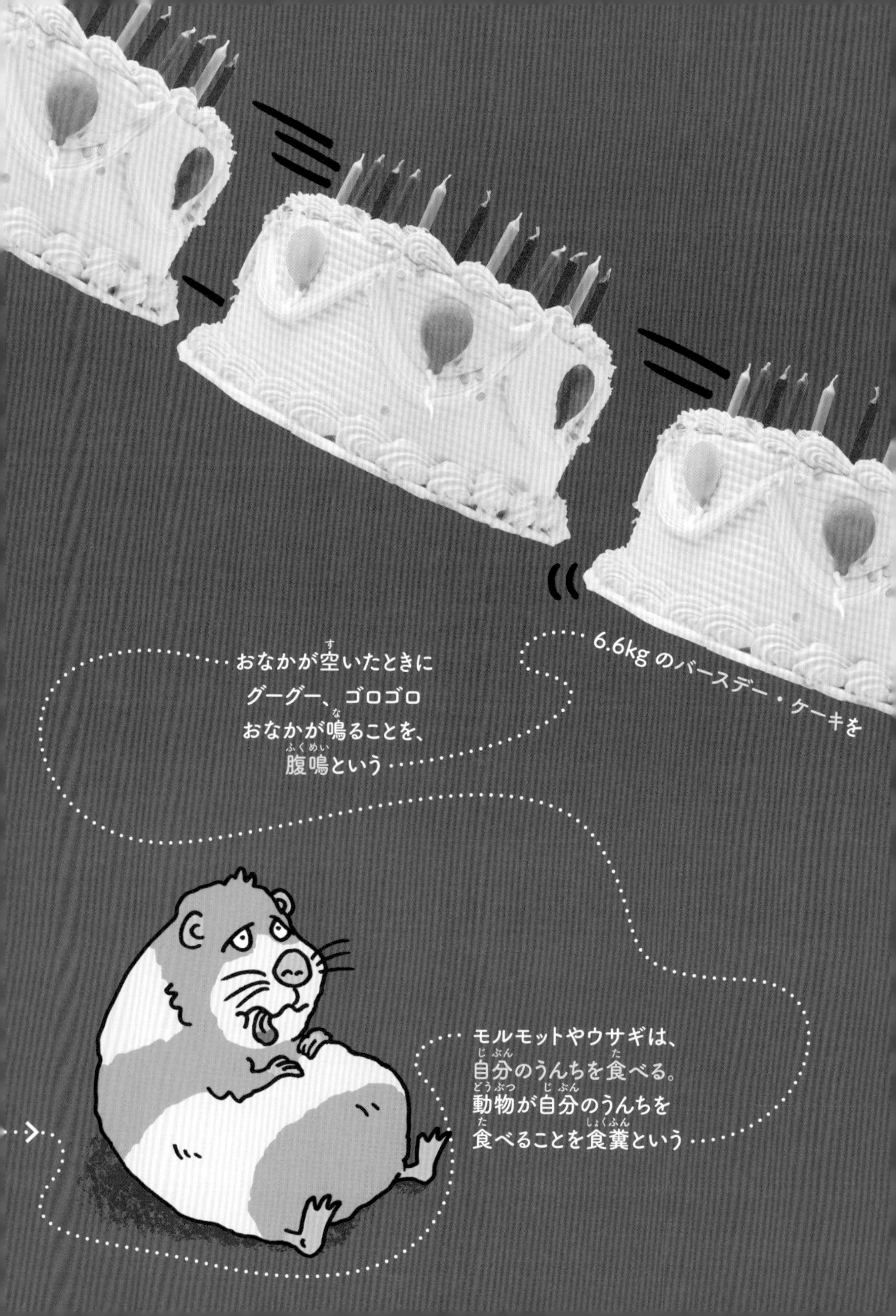

6.6kg のバースデー・ケーキを
おなかが空いたときに
グーグー、ゴロゴロ
おなかが鳴ることを、
腹鳴という
モルモットやウサギは、
自分のうんちを食べる。
動物が自分のうんちを
食べることを食糞という

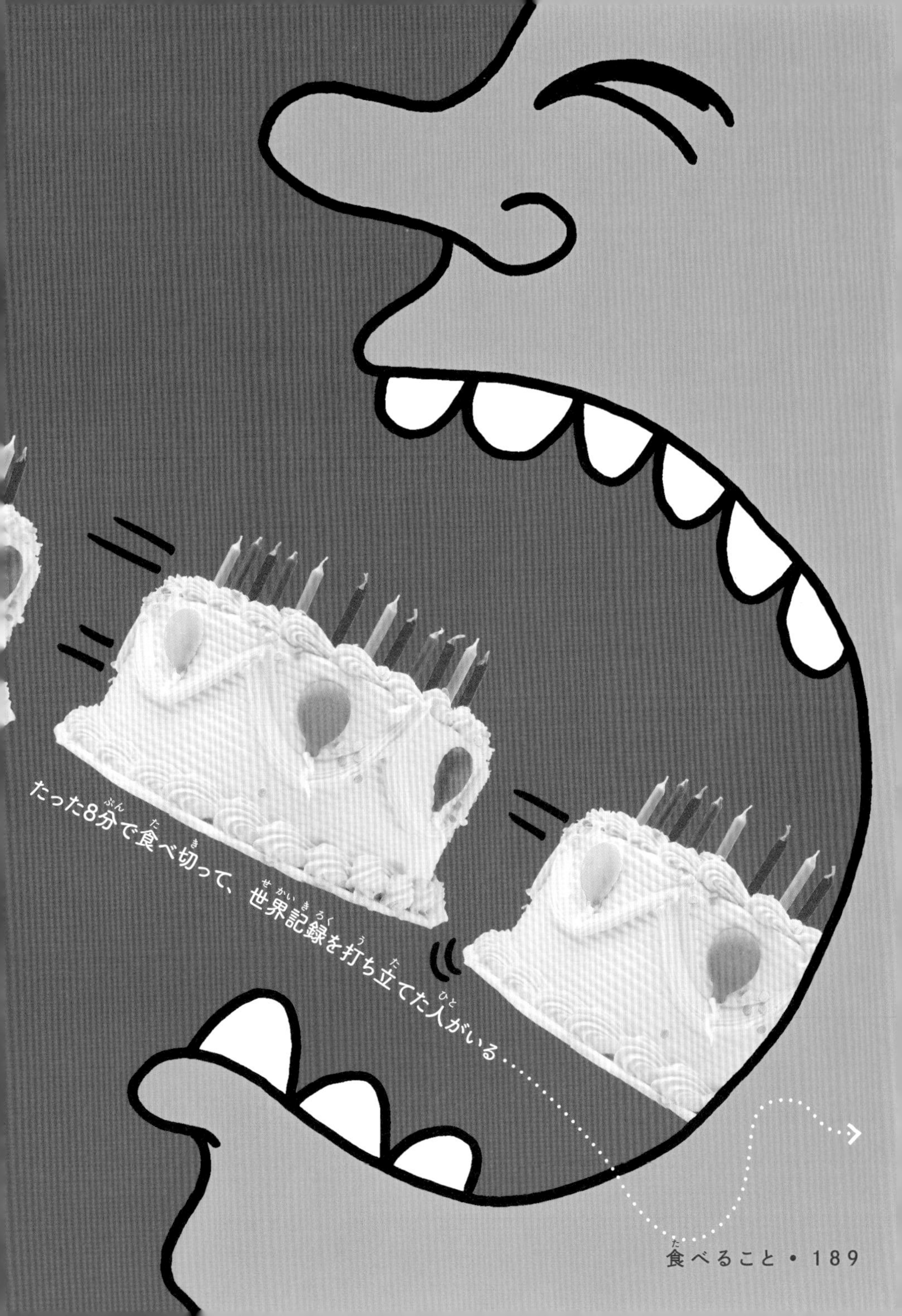
たった8分で食べ切って、世界記録を打ち立てた人がいる……

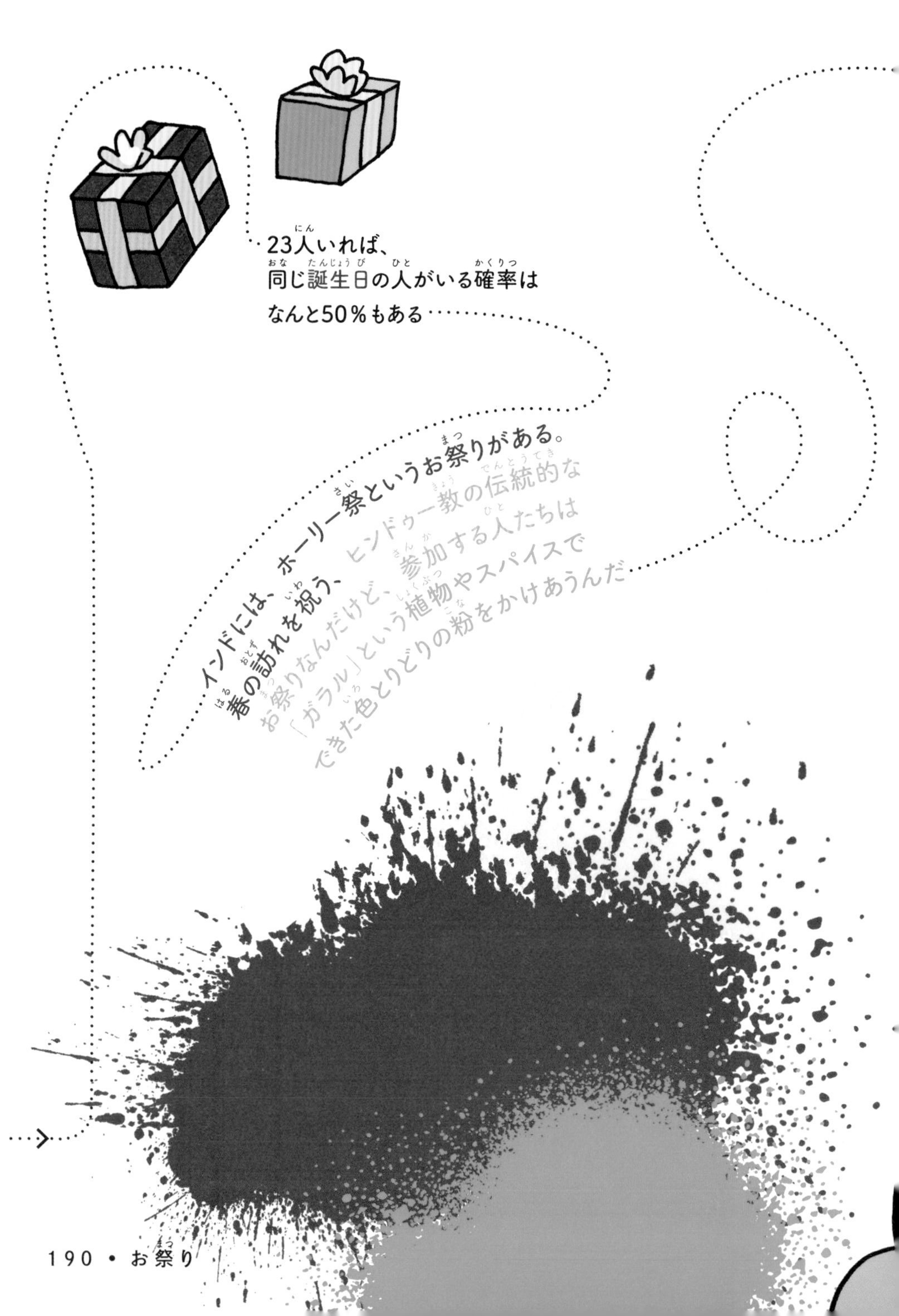

23人いれば、
同じ誕生日の人がいる確率は
なんと50％もある

インドには、ホーリー祭というお祭りがある。
春の訪れを祝う、ヒンドゥー教の伝統的な
お祭りなんだけど、参加する人たちは
「ガラル」という植物やスパイスで
できた色とりどりの粉をかけあうんだ

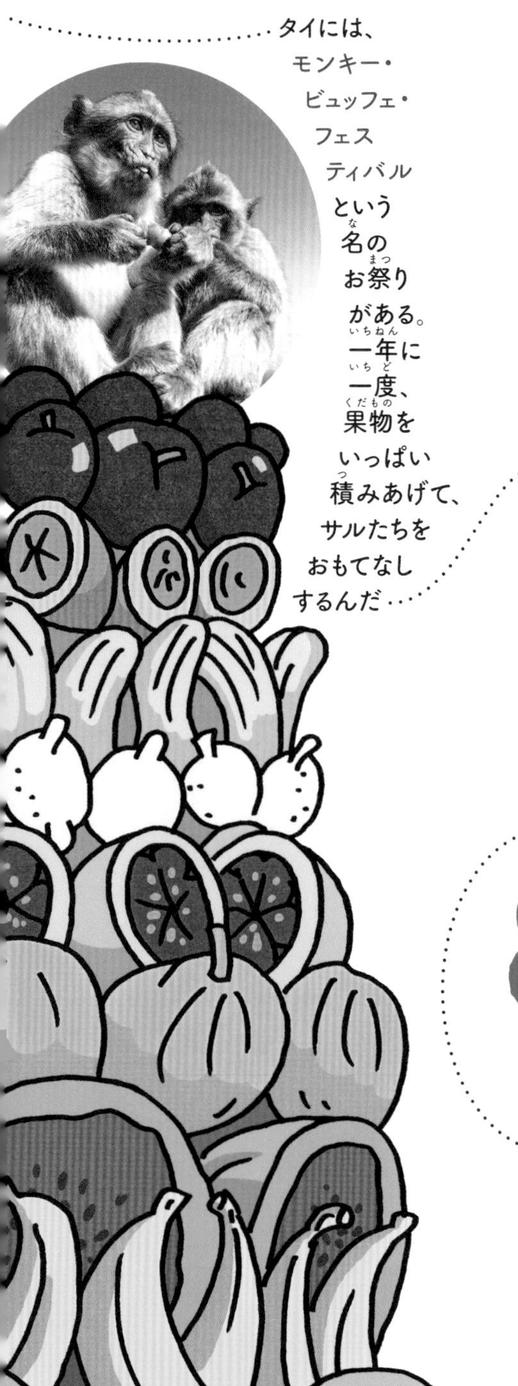

タイには、モンキー・ビュッフェ・フェスティバルという名のお祭りがある。一年に一度、果物をいっぱい積みあげて、サルたちをおもてなしするんだ……

韓国には、保寧

マッド フェスティバル

というお祭りがある。どろのなかでスキーをしたり、顔にどろをぬったり、どろのすべり台で遊んだり……どろんこになって、ミネラル豊富などろの魅力を伝えるお祭りなんだ

オーストラリアのシドニー・ハーバーでは、毎年大晦日に3万6000発以上の花火が打ち上げられる……

ドドーン!

知ってた？　花火の音は、火薬の材料によって違うんだ。
アルミニウムを使った花火は「ヒューッ」という

音がするけれど、チタニウムを使うと音は、
ドーーーン!
耳をすましてみよう!

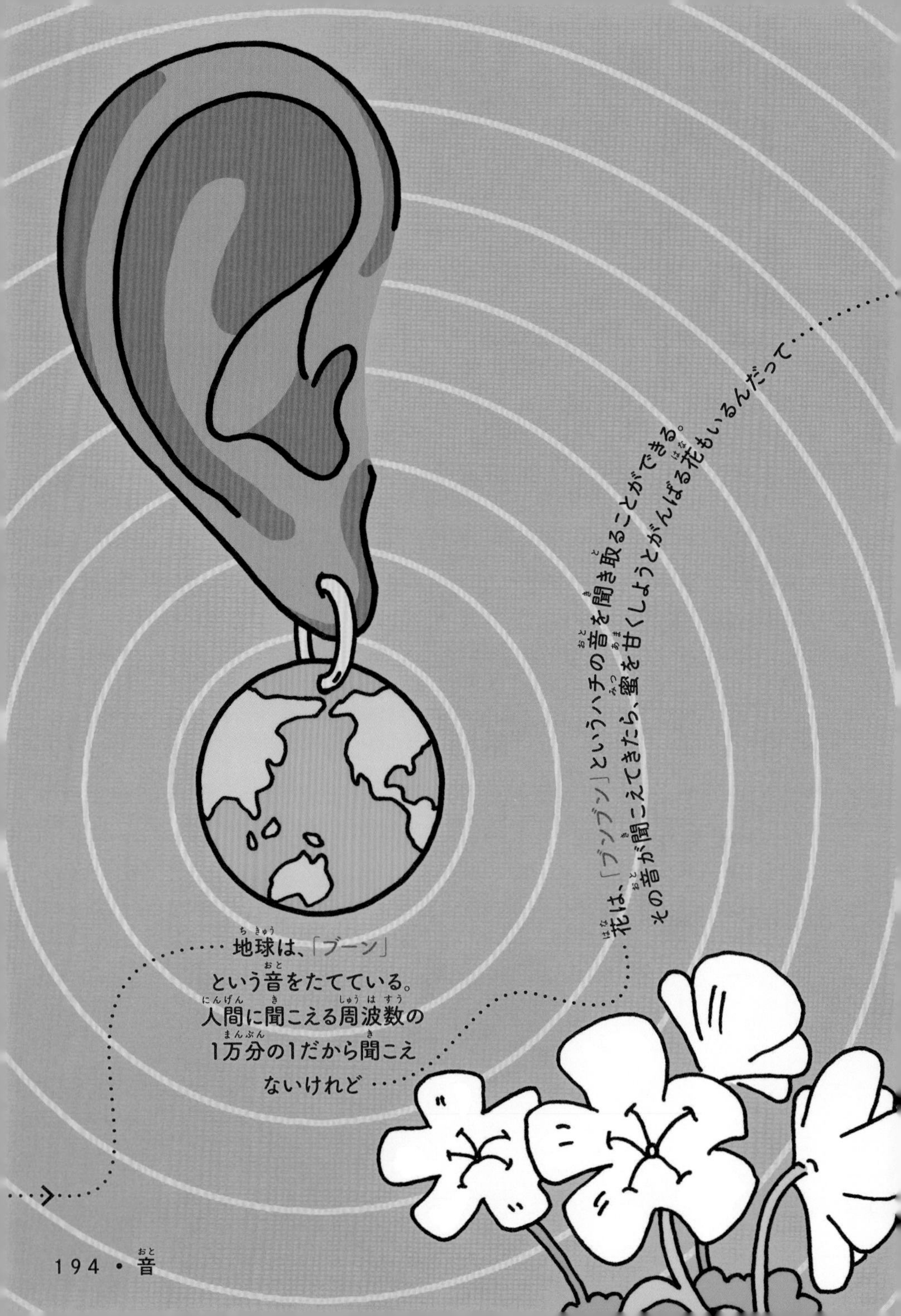

地球は、「ブーン」
という音をたてている。
人間に聞こえる周波数の
1万分の1だから聞こえ
ないけれど……
花は、「ブンブン」というハチの音を聞き取ることができる。
その音が聞こえてきたら、蜜を甘くしようとがんばる花もいるんだって……

ジャカジャカジャーン!
サメが好きな音楽は、
ヘヴィー・メタル

アメリカのフロリダ州では、年に一度、水中で行われる音楽フェスティバルがある。参加者は、水のなかに置かれたスピーカーから流れてくる音楽にあわせて、魚をモチーフにした楽器を演奏するんだって……

179ページへ

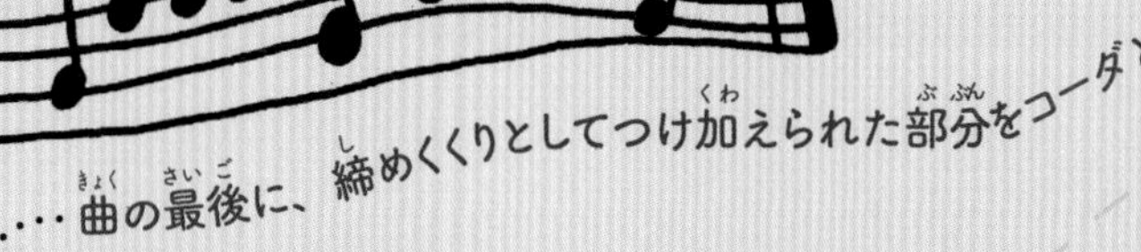

曲の最後に、締めくくりとしてつけ加えられた部分をコーダという

砂嵐がやってくる!

いよいよハッピーエンド

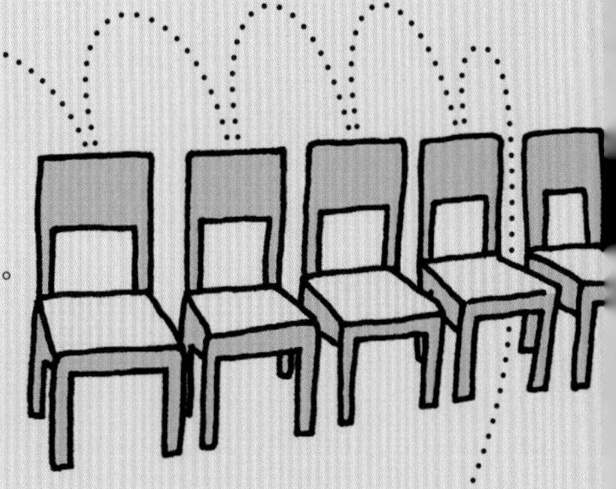

砂丘は、歌を歌う。
大きさやかたちの違う
砂のつぶが動くことで、
歌のように聞こえるの
だと科学者たちは
考えている

音楽にあわせて歩いたり座ったりする、
いすとりゲーム。
世界でいちばん人数が多い
いすとりゲームがシンガポールで行われた。
参加者の数は、なんと8238人!

ヨーロッパの東にあるクロアチアという国には、海のオルガンがある。海辺にある階段のすきまから入った風が、階段の下で波のうねりによって圧縮される。それがなかのパイプを通って音をだすんだ

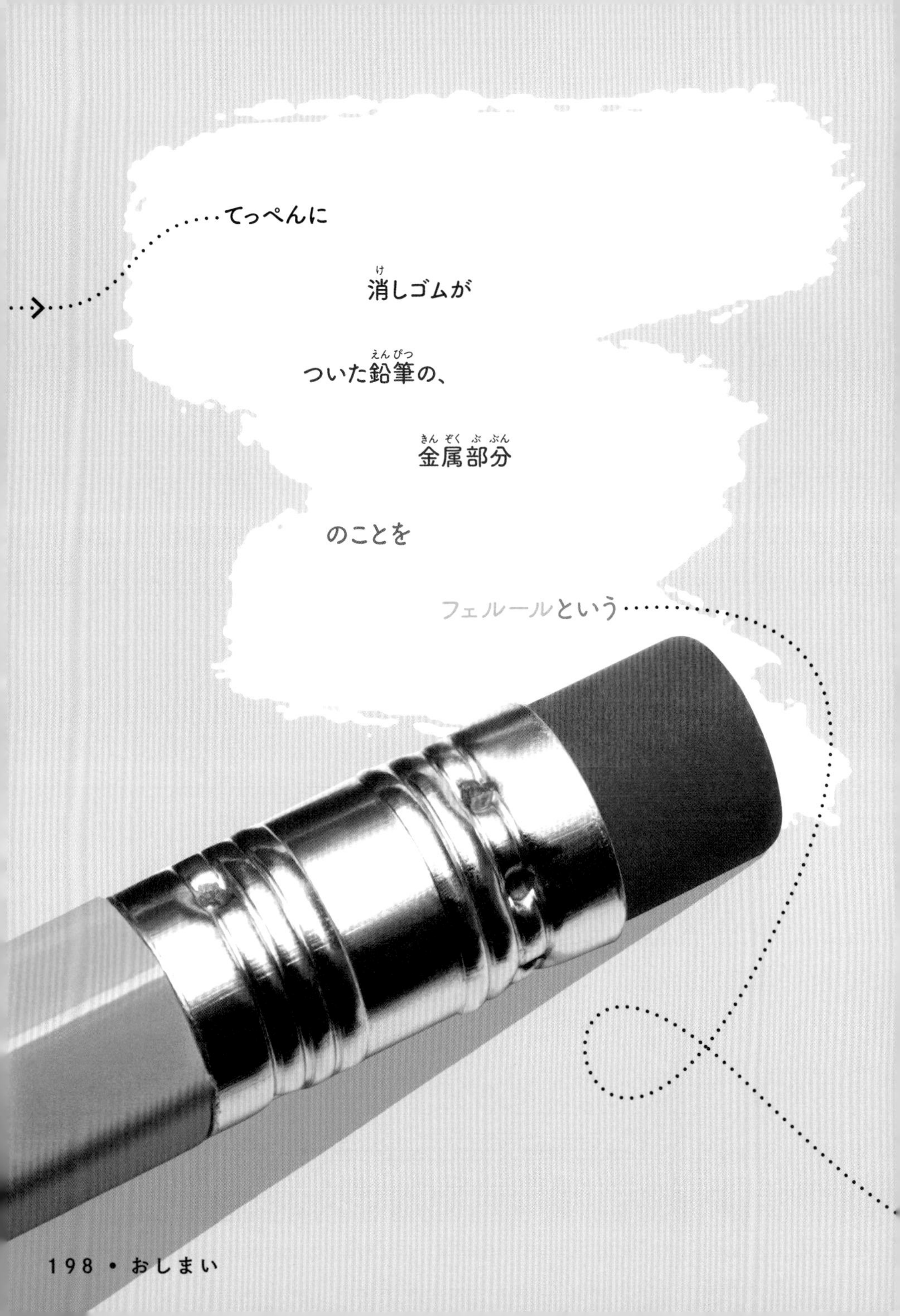

てっぺんに
消しゴムが
ついた鉛筆の、
金属部分
のことを
フェルールという

結末の数が世界でいちばん多い本は、スリランカの作家シビル・ウェッタシンハの『ワンダー・クリスタル』。1250種類ある結末は、すべて子どもたちによって書かれた—

さくいん

あ

か

さ

た

な

は

ま

ら

探検隊の人たち

文　ケイト・ヘイル（Kate Hale）

作家、編集者、おもしろい事実探しの達人。アメリカのバージニア州アレクサンドリアを拠点に活動している。犬どうしのコミュニケーション方法から科学者の感動的な伝記まで、さまざまなテーマを編集・執筆。この本をつくるにあたっては、大好きな動物（ウサギとキリン）から朝ごはん（卵とドーナツ）まで、いろいろなところからヒントを得た。お気に入りの事実は「ダイオウイカの脳はドーナツみたいなかたちをしている」。

絵　アンディ・スミス（Andy Smith）

受賞歴のあるイラストレーター。イギリスのロンドンにあるロイヤル・カレッジ・オブ・アートを卒業。見て楽しい手作り感のある作品を描く。この本はめくるたびにおどろきがあり、次に自分が何を描くか予想もつかないのが楽しかったとのこと。お気に入りは37ページのチンパンジーで、描きながら思わずニッと笑ってしまったそうな。

訳　名取祥子（なとり・しょうこ）

翻訳者。小学生時代のほとんどをアメリカで過ごす。上智大学文学部卒業。電子部品メーカー、アパレル会社などを経て独立。訳書に『1冊で学位 芸術史』（ニュートンプレス）、『ラム肉の歴史』（原書房）などがある。チョコレート好き。

デザイン
ローレンス・モートン
（Lawrence Morton）

アートディレクター、デザイナー。ロンドンを拠点に活動している。この本をデザインしているとき、迷宮を進むギリシア神話のテセウスのような気分になったらしい。そして、みんなが迷わずに探検できるよう、400の事実を点線でつなぐことを思いついた。お気に入りの事実は「犬は人間の言葉が165個くらいわかる」（自分の愛犬チャーリーはそれ以上知っていると思っている）。

資料

科学者や専門家はつねに新事実を発見し、情報を更新しています。そのため、本書の制作チームは、本書に掲載されたすべてのことがらが、信頼できる複数の情報源に基づき、ブリタニカのファクトチェックチームによって検証されたことを確認しています。参照した主要ウェブサイトは次のとおりです。

報道機関

abcnews.go.com
theatlantic.com
bbc.co.uk
bbc.com sciencefocus.com
cnn.com
discovermagazine.com
theguardian.com
latimes.com
nationalgeographic.com
nationalgeographic.org
nbcnews.com
nytimes.com
popularmechanics.com
reuters.com
sciencefocus.com
scientificamerican.com
slate.com
time.com
washingtonpost.com
wired.com
usatoday.com

政府、科学、学術機関

sciencemag.org
acs.org
audubon.org
academic.eb.com
britannica.com
jstor.org
merriam-webster.com
nature.com
nasa.gov
ncbi.nlm.nih.gov
noaa.gov
nps.gov
oceanexplorer.noaa.gov
usgs.gov

博物館、動物園

amnh.org
nationalzoo.si.edu
ocean.si.edu
si.edu
smithsonianmag.com

大学

animaldiversity.org
harvard.edu
oregonstate.edu

その他

atlasobscura.com
dkfindout.com
guinnessworldrecords.com
nwf.org
pbs.org
ripleys.com
sciencedaily.com
worldatlas.com

画像クレジット

写真とイラストの転載を許可してくださった次の方々に感謝いたします。

p.12 Alamy/blickwinkel; p.13 Getty/James Johnstone/500px; p.14-15 Alamy/agefotostock; p.18 iStock/Spanic; p.19 Alamy/Valentyn Volkov; p.20 Alamy/Michael Runkel; p.23 Getty/Image Source; p.24 Getty/dszc; p.26-27 iStock/Martin Barraud; p.28-29 Alamy/Ferenc Ungor; p.31 Getty/Jason Webber Photography; p.32-33 Getty/Jean-Daniel Ketting EyeEm; p.34-35 iStock/reptiles4all; p.36 iStock/Freder; p.39 Alamy/Image Source; p.40 Getty/Jamie Yan/EyeEm; p.42 Getty/George D. Lepp; p.44 Getty/National Science Foundation; p.46-47 Alamy/Erik Schlogl; p.50-51 Getty/Vitalij Cerepok/EyeEm; p.52 NASA; p.54-55 iStock/sofiaworld; p.55上 Alamy/Alfio Scisetti; p.57 Dreamstime/Artushfoto; p.58 Getty/ewald mario; p.60-61 Getty/Exotica.im/Universal Images Group; p.62-63 iStock/spooh; p.64 Alamy/vkstudio; p.66-67 iStock/zhaojiankang; p.68 Getty/Frank Bienewald/LightRocket; p.70-71 iStock/tiero; p.73 Nature Picture Library/Tim MacMillan/John Downer Pro; p.74-75 Getty/sinopics; p.77 Alamy/Avalon/Photoshot Licence; p.78 Getty/Fadil; p.81 Getty/Alexandra Rudge; p.82 Alamy/mauritius images GmbH; p.84-85 iStock/kickers; p.86-87 Getty/Sean Gladwell; p.88-89 123rf.com/titonz; p.90-91 123rf.com/freestyledesignworks; p.92-93 Alamy/amana images inc.; p.94 Alamy/Patti McConville; p.95 123rf.com/Konstantin Kopachinsky; p.97 iStock/Catherine Withers-Clarke; p.98-99 123rf.com/andreykuzim; p.100 Alamy/Life on White; p.103 Alamy/SuperStock; p.105 Getty/Jorge Guerrero/AFP; p.106-107 Getty/Heritage Images; p.108-109 Getty/da-kuk; p.110 Dreamstime/Vladimirfloyd; p.113 Dreamstime/Kzeniya Ragozina; p.114 Science Photo Library/Christian Darkin; p.115 123rf.com/andreykuzim; p.116-117 Nature Picture Library/Doc White; p.118 Alamy/robertharding; p.119 iStock/PeopleImages; p.120 iStock/daneger; p.122-123 iStock/rancho_runner; p.124 Alamy/Gilberto Mesquita; p.125 Getty/WestEnd61; p.126 iStock/Marius Ltu; p.129 Getty/Ger Bosma; p.130-131 123rf.com/Ian Dixon; p.134 Dreamstime/Susan Leggett; p.135 Getty/JimmyJamesBond; p.136-137 Getty/Tim Graham; p.138-139 Nature Picture Library/Gary Bell/Oceanwide; p.143 Beinecke Rare Book and Manuscript Library; p.144 Alamy/leonello calvetti; p.147 Nature Picture Library/Michael Durham; p.148 Alamy/Martin; p.149 Alamy/shufu; p.150-151 Alamy/Science Photo Library; p.153 iStock/Portugal2004; p.155 Getty/Ali Saadat/EyeEm; p.156 Alamy/Redmond Durrell; p.159 Alamy/Sarayuth Punnasuriyaporn; p.160 Alamy/Daniel L. Geiger/SNAP; p.160-161 Dreamstime/Ionut David; p.164-165 Alamy/Robert Harding; p.167 iStock/marcoventuriniautieri; p.168-169 iStock/borchee; p.170 iStock/AndreaAstes; p.171上 Dreamstime/Vitalii Kit; p.171下 Dreamstime/Valentyn75; p.172-173 Dreamstime/Planetfelicity; p.177 Nature Picture Library/Alex Mustard; p.178 Alamy/E R Degginger; p.180-181 NASA; p.184 iStock/milanfoto; p.184 Getty/ATU Images; p.185 Getty/Ryan McVay; p.186-187 Alamy/YAY Media AS; p.188-189 Dreamstime/Denis Mishalov; p.191 Getty/Jason Miller; p.192-193 Getty/Peter Saloutous; p.195 iStock/Antagain; p.196 Getty/Rick Neves; p.198 iStock/t_kimura.

FACTopia!: Follow the Trail of 400 Facts

Britannica Books is an imprint of What on Earth Publishing,
published in collaboration with Britannica, Inc.

First published in the United Kingdom in 2021

Trademark notices on page 204. Picture credits on page 207.

BRITANNICA BOOKS(ブリタニカブックス)
世界(せかい)おどろき探検隊(たんけんたい)！
おとなも知(し)らない400の事実(じじつ)を追(お)え！

2024年7月10日　初版第1刷発行

著　者　ケイト・ヘイル（文）、アンディ・スミス（絵）
訳　者　名取祥子(なとりしょうこ)
日本語版装幀　渡邉民人（TYPEFACE）
日本語版本文デザイン・DTP　谷関笑子（TYPEFACE）

発行人　淺井亨
発行所　株式会社実務教育出版
〒163-8671　東京都新宿区新宿1-1-12
電話　03-3355-1812（編集）
電話　03-3355-1951（販売）
振替　00160-0-78270
印刷・製本　図書印刷株式会社

ISBN978-4-7889-0934-2　C8040

W